工业和信息化"十三五"人才培养规划教材

Python 技术类

Python Programming
2nd Edition

Python 3 基础教程 第2版｜慕课版

刘凡馨 夏帮贵 主编

人民邮电出版社
北京

图书在版编目（CIP）数据

Python 3 基础教程 : 慕课版 / 刘凡馨, 夏帮贵主
编. -- 2版. -- 北京 : 人民邮电出版社, 2020.4（2023.12重印）
工业和信息化“十三五”人才培养规划教材
ISBN 978-7-115-53129-2

Ⅰ. ①P… Ⅱ. ①刘… ②夏… Ⅲ. ①软件工具－程序
设计－高等学校－教材 Ⅳ. ①TP311.561

中国版本图书馆CIP数据核字(2019)第288163号

内 容 提 要

Python 功能强大且简单易学，是程序开发人员必学的语言之一。本书注重基础、循序渐进，系统地讲述了 Python 程序设计开发相关基础知识。本书共分 10 章，涵盖了 Python 语言基础、Python 基本语法、基本数据类型、组合数据类型、程序控制结构、函数与模块、文件和数据组织、Python 标准库、第三方库和面向对象等内容。本书内容全面覆盖了《全国计算机等级考试二级 Python 语言程序设计考试大纲（2018 年版）》的知识点。

本书内容丰富、讲解详细，适用于初、中级 Python 用户，可用作各类院校相关专业教材，同时也可作为 Python 爱好者的自学参考书和全国计算机等级考试二级 Python 语言程序设计的考试辅导教材。

◆ 主　　编　刘凡馨　夏帮贵
责任编辑　左仲海
责任印制　王　郁　马振武

◆ 人民邮电出版社出版发行　　北京市丰台区成寿寺路 11 号
邮编　100164　　电子邮件　315@ptpress.com.cn
网址　https://www.ptpress.com.cn
涿州市京南印刷厂印刷

◆ 开本：787×1092　1/16
印张：15.75　　2020 年 4 月第 2 版
字数：402 千字　　2023 年 12 月河北第 12 次印刷

定价：49.80 元

前 言 PREFACE

Python 因其功能强大、简单易学、开发成本低，已成为广大程序开发人员喜爱的程序设计语言之一。作为一门优秀的程序设计语言，Python 被广泛应用到各个方面，从简单的文字处理，到网站和游戏开发，甚至于机器人和航天飞机控制，都可以找到 Python 的身影。

党的二十大提出“推动战略性新兴产业融合集群发展，构建新一代信息技术、人工智能、生物技术、新能源、新材料、高端装备、绿色环保等一批新的增长引擎。”将 Python 程序设计作为软件技术、大数据技术、人工智能技术、嵌入式技术等相关专业的专业核心课程或专业拓展课程，才能尽快形成行业发展所需的庞大程序设计人才库基础，才能使教育更好地服务于国家新一代信息技术发展战略，也更有利于推动战略性新兴产业融合集群发展。

本书特别针对 Python 零基础的编程爱好者，进行了内容编排和章节组织，争取让读者在短时间内掌握 Python 程序设计语言的基本技术和编程方法。本书具有如下特点。

1. 零基础入门

读者无须有其他程序设计语言的相关基础，跟随本书学习即可轻松掌握 Python 程序设计语言。

2. 学习成本低

本书在构建开发环境时，选择了应用最为广泛的 Windows 10 操作系统和 Python 3.5 版本，使用 Python 3.5 自带的集成开发工具 IDLE 等进行学习和操作，没有特别的软件和硬件要求。

3. 内容编排精心设计

Python 程序设计涉及的范围非常广泛，本书内容编排并不求全、求深，而是考虑零基础读者的接受能力，选择 Python 中必备、实用的知识进行讲解。知识和配套实例循序渐进、环环相扣，逐步涉及实际案例的各个方面。

同时，本书内容针对《全国计算机等级考试二级 Python 语言程序设计考试大纲（2018 年版）》作了精心编排，全面覆盖考试大纲内容。还专门针对考试大纲提供了习题集和模拟考试系统。模拟考试系统包含了依据考试大纲设计的真题题库，该系统既可辅助读者学习 Python 程序设计知识，又可帮助提高其等级考试通过的概率。

4. 精心制作配套慕课

本书配套的慕课覆盖全书内容，对知识点进行详细讲解和补充，读者登录“人邮学院”网站（http://www.rymooc.com/）或扫描右侧的二维码，使用手机号注册，在首页右上角单击“学习卡”选项，输入封底刮刮卡中的激活码，即可在线观看慕课视频。扫描书中的二维码也可以直接使用手机观看视频。

扫一扫看慕课

5. 强调理论与实践结合

书中每章最后的综合实例环节都安排有一个短小、完整的实例，方便教师教学，也方便学生学习。

6. 提供丰富的学习资源

为了方便读者学习，本书提供所有实例的源代码和相关资源。源代码可在学习过程中直接使用，参考相关内容进行配置即可。为了方便教师教学，还提供了教学大纲、教案、教学进度表和 PPT 课件等资源。

本书主要内容如下表所示。

章	主要内容
第 1 章 Python 语言基础	Python 的发展、特点和版本，Python 3 与 Python 2 的区别，Python 程序运行方式、Python 开发环境
第 2 章 Python 基本语法	基本语法元素、基本输入和输出、变量与对象
第 3 章 基本数据类型	数字类型、数字运算、字符串类型、数据类型操作
第 4 章 组合数据类型	集合、列表、元组、字典、迭代和列表解析
第 5 章 程序控制结构	if 分支结构、for 循环、while 循环、程序的异常处理
第 6 章 函数与模块	函数、变量作用域、模块、模块包
第 7 章 文件和数据组织	文件、读写 CSV 文件、数据组织的维度
第 8 章 Python 标准库	绘图工具 turtle 库、随机数工具 random 库、时间处理工具 time 库、图形用户界面工具 Tkinter 库
第 9 章 第三方库	第三方库安装方法、第三方库简介、打包工具 PyInstaller、分词工具 jieba、词云工具 wordcloud
第 10 章 面向对象	理解 Python 的面向对象、定义和使用类、对象的属性和方法、类的继承、模块中的类

党的二十大提出“全面建设社会主义现代化国家，必须坚持中国特色社会主义文化发展道路，增强文化自信，围绕举旗帜、聚民心、育新人、兴文化、展形象建设社会主义文化强国，发展面向现代化、面向世界、面向未来的，民族的科学的大众的社会主义文化，激发全民族文化创新创造活力，增强实现中华民族伟大复兴的精神力量。”本书将唐诗、四大名著等中华优秀传统文化融入课程教学，在学生在学习技术的同时传承优秀传统文化，达到增强文化自信的目的。

本书由西华大学刘凡馨、夏帮贵主编。本书源代码、PPT 等相关资源可登录人民邮电出版社教育社区（www.ryjiaoyu.com）免费下载。

由于编者水平有限，书中难免存在不妥之处，敬请广大读者批评指正。

编者

2022 年 11 月

目 录 CONTENTS

第 10 章

附录 1

附录 2

附录 3

附录 4

第1章 Python 语言基础

Python 是一种面向对象的、解释型的高级程序设计语言。吉多 · 范罗苏姆（Guido van Rossum）于 1989 年开始开发 Python，并于 1991 年发布第一个 Python 公开发行版。Python 是纯粹的开源软件，其源代码和解释器均遵循 GNU 通用公共许可证（GNU General Public License，GPL）协议。Python 的语法简洁、易于学习、功能强大、可扩展性强、跨平台等诸多特点，使其成为最受欢迎的程序设计语言之一。

知识要点

了解 Python 程序的运行方式
学会安装 Python
学会使用 Python 编程工具 IDLE

1.1 Python 概述

1.1.1 Python 的发展

1.1.1 Python 的发展

1989 年吉多 · 范罗苏姆在阿姆斯特丹开始开发一种新的程序设计语言。作为巨蟒剧团（Monty Python）喜剧团体的粉丝，吉多将这种新的语言命名为 Python。Python 的灵感来自 ABC 语言——吉多参与开发的一种适用于非专业程序开发人员的教学语言。吉多认为 ABC 语言优美、功能强大，其未获得成功的原因主要是非开放。所以，吉多一开始就将 Python 定位为开放性语言。Python 起源于 ABC，并受到了 Modula-3 语言的影响，同时结合了 Unix shell 和 C 的特点。

经过多年的发展，Python 已经成为最受欢迎的程序设计语言之一。在 2019 年 10 月的 TIOBE 程序设计语言排行榜中，Python 在众多的程序设计语言中仅次于 Java 和 C，处于第 3 位，如图 1-1 所示。

1.1.2 Python 的特点

1.1.2 Python 的特点

Python 具有下列显著特点。

1. Python 是免费的开源自由软件

Python 遵循 GPL 协议，是免费和开源的，无论用于何种用途，开发人员都无须支付任何费用，也不用担心版权问题。

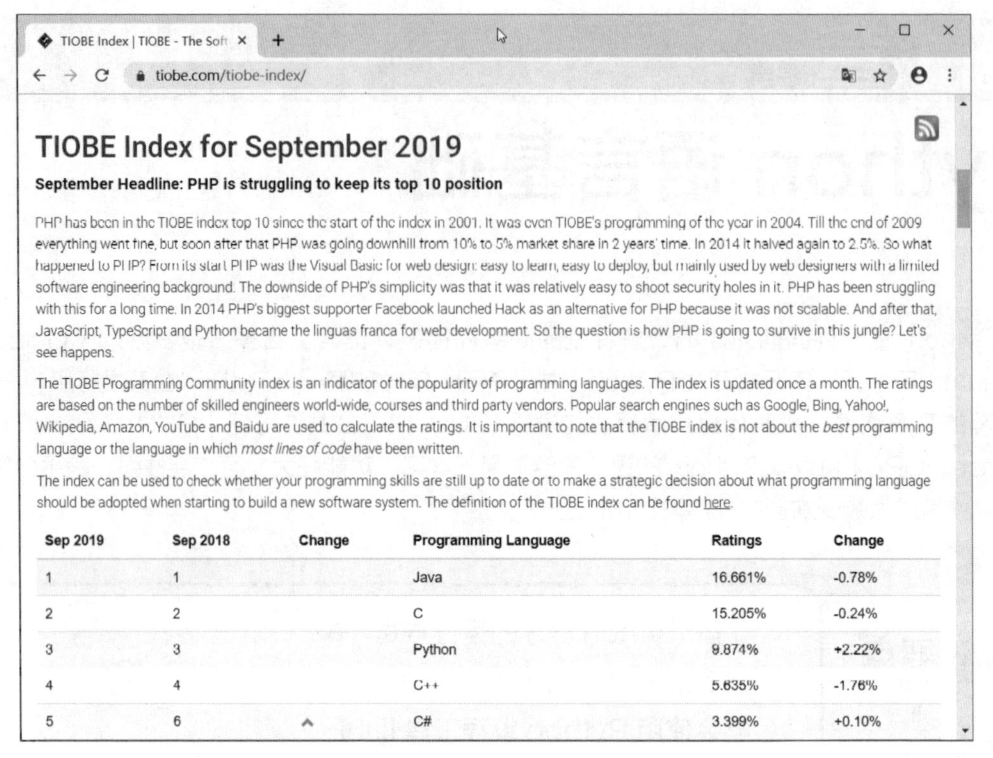

TIOBE Index for September 2019

September Headline: PHP is struggling to keep its top 10 position

PHP has been in the TIOBE index top 10 since the start of the index in 2001. It was even TIOBE's programming of the year in 2004. Till the end of 2009 everything went fine, but soon after that PHP was going downhill from 10% to 5% market share in 2 years' time. In 2014 it halved again to 2.5%. So what happened to PHP? From its start PHP was the Visual Basic for web design: easy to learn, easy to deploy, but mainly used by web designers with a limited software engineering background. The downside of PHP's simplicity was that it was relatively easy to shoot security holes in it. PHP has been struggling with this for a long time. In 2014 PHP's biggest supporter Facebook launched Hack as an alternative for PHP because it was not scalable. And after that, JavaScript, TypeScript and Python became the linguas franca for web development. So the question is how PHP is going to survive in this jungle? Let's see happens.

The TIOBE Programming Community index is an indicator of the popularity of programming languages. The index is updated once a month. The ratings are based on the number of skilled engineers world-wide, courses and third party vendors. Popular search engines such as Google, Bing, Yahoo!, Wikipedia, Amazon, YouTube and Baidu are used to calculate the ratings. It is important to note that the TIOBE index is not about the *best* programming language or the language in which *most lines of code* have been written.

The index can be used to check whether your programming skills are still up to date or to make a strategic decision about what programming language should be adopted when starting to build a new software system. The definition of the TIOBE index can be found here.

Sep 2019	Sep 2018	Change	Programming Language	Ratings	Change
1	1		Java	16.661%	-0.78%
2	2		C	15.205%	-0.24%
3	3		Python	9.874%	+2.22%
4	4		C++	5.635%	-1.76%
5	6	^	C#	3.399%	+0.10%

图 1-1　TIOBE 程序设计语言排行榜（2019 年 10 月）

2. Python 是面向对象的

面向对象（Object Oriented，OO）是现代高级程序设计语言的一个重要特征。Python 具有多态、运算符重载、继承和多重继承等面向对象编程（Object Oriented Programming，OOP）的主要特征。

3. Python 具有良好的跨平台特性

Python 是用 ANSI C 实现的。C 语言因为跨平台和良好的可移植性成为了经典的程序设计语言。这意味着 Python 也具有良好的跨平台特性，可在目前所有的主流平台上编译和运行。

4. Python 功能强大

Python 具有的一些强大功能如下。

- 动态数据类型：Python 可以在代码运行过程中跟踪变量的数据类型，因此无须声明变量的数据类型，也不要求在使用前对变量进行类型声明。
- 自动内存管理：良好的内存管理机制意味着程序运行具有更高的性能。Python 程序员无须关心内存的使用和管理，Python 会自动分配和回收内存。
- 大型程序支持：通过子模块、类和异常等工具，Python 可用于大型程序开发。
- 内置数据结构：Python 提供了对常用数据结构的支持。例如，集合、列表、字典、字符串等都属于 Python 内置类型，可实现相应的数据结构。同时，Python 也实现了各种数据结构的标准操作，如合并、分片、排序和映射等。
- 内置标准库：Python 提供丰富的标准库，如从正则表达式匹配到网络等，因此 Python 可以实现多种应用。

- 第三方工具集成：Python 通过扩展包集成第三方工具，从而应用在不同领域。

5. Python 简单易学

Python 的设计理念是“优雅”“明确”“简单”，提倡“用一种方法，最好是只用一种方法来做一件事”。所以，Python 语言语法简洁、代码易读。一些知名大学（如卡耐基梅隆大学、麻省理工学院等）开始使用 Python 作为程序设计课程的编程语言。

1.1.3 Python 的版本

1.1.3 Python 的版本

Python 发展至今，经历了多个版本，如表 1-1 所示。

表 1-1 Python 版本历史

版本号	年份
0.9.0～1.2	1991～1995
1.3～1.5.2	1995～1999
1.6、2.0	2000
1.6.1、2.0.1、2.1、2.1.1	2001
2.1.2、2.1.3	2002
2.2～2.7	2001 至今
3.x	2008 至今

Python 通过一个参与者众多的开发社区来保持版本更新和改进。Python 的开发者通过一个在线的源代码控制系统协同工作，所有对 Python 的修改必须遵循 Python 增强提案（Python Enhancement Proposal，PEP），并能通过 Python 扩展回归测试系统的测试。目前，一个非正式的组织 Python 软件基金（Python Software Foundation，PSF）负责组织会议并处理 Python 的知识产权问题。

Python 3.0 不再向后兼容，Python 2.7 将作为 Python 2.x 的最后一个版本。但 Python 2.x 依然得到众多开发人员的支持，Python 因此也一直保持对该版本的更新。不过，Python 已决定于 2020 年停止对 Python 2.7 的支持，从而使开发人员有充裕的时间过渡到 Python 3.x。

为了方便叙述，本书在后面的内容中将 Python 3.x 简称为 Python 3，Python 2.x 简称为 Python 2。

目前，Python 3 的最新版本为 3.8.0（2019 年 11 月）。《全国计算机等级考试二级 Python 语言程序设计考试大纲（2018 年版）》建议考试使用的 Python 版本为 3.4.2～3.5.3。

1.1.4 Python 3 与 Python 2 的区别

1.1.4 Python 3 与 Python 2 的区别

Python 3 与 Python 2 的主要区别如下。

1. Python 3 中的文本使用 Unicode 编码

Python 3 中的字符默认使用 Unicode 编码（UTF-8），其可以很好地支持中文或其他非英文字符，示例代码如下。

```
>>> 长度=100                    #汉字作为变量名
```

```
>>> print(长度)
100
```

在 Python 3 中，不需要使用“u”或“U”前缀表示 Unicode 字符，但二进制字符串必须使用“b”或“B”前缀。Python 2 中不能使用汉字作为变量名，否则会出错，示例代码如下。

```
>>> 速度=100
  File "<stdin>", line 1
速度=100
    ^
SyntaxError: invalid syntax
```

2. print()函数代替了 print 语句

Python 3 使用 print()函数来输出数据，示例代码如下。

```
>>>  x=100
>>> print(10,'abc',x)
10 abc 100
```

Python 2 使用 print 语句输出数据，示例代码如下。

```
>>> x=100
>>> print 10,'abc',x
10 abc 100
>>> print(10,'abc',x)                  #print 语句将(10,'abc',x)作为一个元组输出
(10, 'abc', 100)
```

3. 完全的面向对象

Python 2 中的各种数据类型，在 Python 3 中全面升级为类（class）。例如，在 Python 2 中测试数据类型结果如下。

```
>>> int,float,str
(<type 'int'>, <type 'float'>, <type 'str'>)
```

在 Python 3 中测试数据类型结果如下。

```
>>> int,float,str
(<class 'int'>, <class 'float'>, <class 'str'>)
```

4. 部分方法和函数用视图和迭代器代替了列表

下面的方法或函数在 Python 2 中返回列表，在 Python 3 中则返回视图或迭代器。

- 字典的 keys()、items()和 values()方法用返回视图代替了列表。不再支持 Python 2 中的 iterkeys()、iteritems()和 itervalues()。
- map()、filter()和 zip()函数用返回迭代器代替了列表。

5. 比较运算中的改变

比较运算的主要改变如下。

- 用“!=”代替了“<>”。
- 比较运算“<”“<=”“>=”和“>”在无法比较两个数据大小时，会产生 TypeError 异常。
- 在 Python 2 中，“1 < ''”“0 > None”“len <= len”等运算返回 True，而在 Python 3 中则会产生 TypeError 异常。

- 在判断运算“==”和“!=”中，类型不兼容的数据视为不相等。

6. 整数类型的改变

整数类型的主要改变如下。

- 不再有长整数（long）的概念，整数类型只有 int 一种。
- 在 Python 3 中，除法运算“/”返回浮点数（float），除法运算“//”只保留整数部分。Python 2 在两个整数的除法运算“/”中返回整数（截断了小数部分）。
- 整数不再限制大小，删除了 sys 模块中的 maxint（最大整数）常量。
- 不再支持以数字 0 开头的八进制常量（如 012），而改为用前缀“0o”表示（如 0o12）。

7. 字符串的改变

在 Python 2 中，字符串中的字符默认为单字节，字符串的类型有 str 和 unicode 两种。带前缀“u”或“U”的 Unicode 字符串的类型为 unicode（注意首字母小写），其他字符串（包含带前缀“b”“B”“r”或“R”的字符串）为 str 类型。

在 Python 3 中，字符默认为 Unicode 字符，即双字节字符。字符串的数据类型分为 str 和 bytes 两种。仍可使用字符串前缀“u”或“U”，但会被忽略。字符串前缀“b”或“B”表示二进制字符串，其类型为 bytes。

8. 取消了 file 数据类型

Python 3 取消了 Python 2 中的 file 数据类型。使用 open()函数打开文件时，返回的是 _io.TextIOWrapper 类的实例对象，示例代码如下。

```
>>> f=open('d:/test.txt','w')
>>> type(f)
<class '_io.TextIOWrapper'>
```

Python 2 的 open()函数返回的是 file 类型的对象，示例代码如下。

```
>>> f=open('d:/test.txt','w')
>>> type(f)
<type 'file'>
```

9. 异常处理的改变

在 Python 3 中，异常处理的改变主要如下。

- BaseException 是所有异常类的基类，删除了 StardardError 异常。
- 取消了异常类的序列行为和 message 属性。
- 用 raise Exception(args)代替 raise Exception,args 语法。
- 在捕获异常的 except 语句中引入了 as 关键字。

在 Python 2 中，用下面的代码捕捉和处理异常。

```
>>> try:
...     raise TypeError,'类型错误'
...except TypeError,err:
...     print err.message
...
类型错误
```

在 Python 3 中，用下面的代码捕捉和处理异常。

```
>>> try:
...     raise TypeError('类型错误')
...except TypeError as err:
...     print(err)
...
类型错误
```

10. 其他主要的语法改变

其他主要的语法改变如下。

- 增加了关键字 as 和 with。
- 增加了常量 True、False、None。
- 加入 nonlocal 语句。使用 noclocal x 声明 x 为函数外部的变量。
- 删除了 raw_input()，代之以 input()。
- 删除了元组参数解包。不能用类似 def(a, (b, c)):pass 的语句定义函数。
- 增加了二进制字面量，如“b'0110110110'”。bin()函数可返回整数的二进制字符串。
- 扩展的可迭代解包。在 Python 3 中，“a, b, *x = '1234'”和“*x, a = '1234'”都是合法的。
- 对象和序列是可迭代的。
- 面向对象引入了抽象基类。
- 类的迭代器方法 next()改名为__next__()，并增加内置函数 next()，用以调用迭代器的__next__()方法。

1.2 运行 Python 程序

1.2.1 Python 程序的运行方式

Python 程序有两种运行方式：程序文件运行和交互式运行。

1.2.1 Python 程序的运行方式

程序文件是包含一系列 Python 语句的源代码文件，文件扩展名通常为 py。在 Windows 的命令提示符窗口中，可使用 Python.exe 来执行 Python 程序文件，示例代码如下。

```
D:\>python test.py
```

其执行过程是，首先由 Python 解释器将 py 文件翻译成字节码文件，再由 Python 虚拟机（Python Virtual Machine，PVM）逐条翻译、执行字节码文件中的 Python 语句。

Python 还可以通过交互方式运行。在 Windows 系统的命令提示符窗口中运行 Python.exe，可进入 Python 的交互环境。在其中输入 Python 语句后，按【Enter】键运行，示例代码如下。

```
D:\>python
Python 3.5.3 (v3.5.3:1880cb95a742, Jan 16 2017, 15:51:26) [MSC v.1900 32 bit (Intel)] on win32
Type "help", "copyright", "credits" or "license" for more information.
>>> a=1
```

```
>>> b=2
>>> print(a+b)
3
```

符号“>>> ”为 Python 交互环境的命令提示符，在其后输入 Python 语句并按【Enter】键可运行 Python 语句，输出结果直接在下一行显示。

1.2.2 Python 程序的可执行文件

1.2.2 Python 程序的可执行文件

可将Python程序打包为一个独立的可执行程序，即冻结二进制文件（Frozen Binary）。冻结二进制文件是将 Python 程序的字节码、PVM 以及程序所需的 Python 支持文件等捆绑到一起形成的一个独立文件。在 Windows 系统中，冻结二进制文件是一个 exe 文件，运行 exe 文件即可启动 Python 程序，而不需要安装 Python 环境。

常用的第三方冻结二进制文件生成工具有 py2exe 和 PyInstaller。

1.3 Python 开发环境

1.3.1 Python 的下载和安装

1.3.1 Python 的下载和安装

在 Python 的官方网站首页中单击导航菜单栏中的“Downloads”按钮，可显示 Python 下载菜单，如图 1-2 所示。

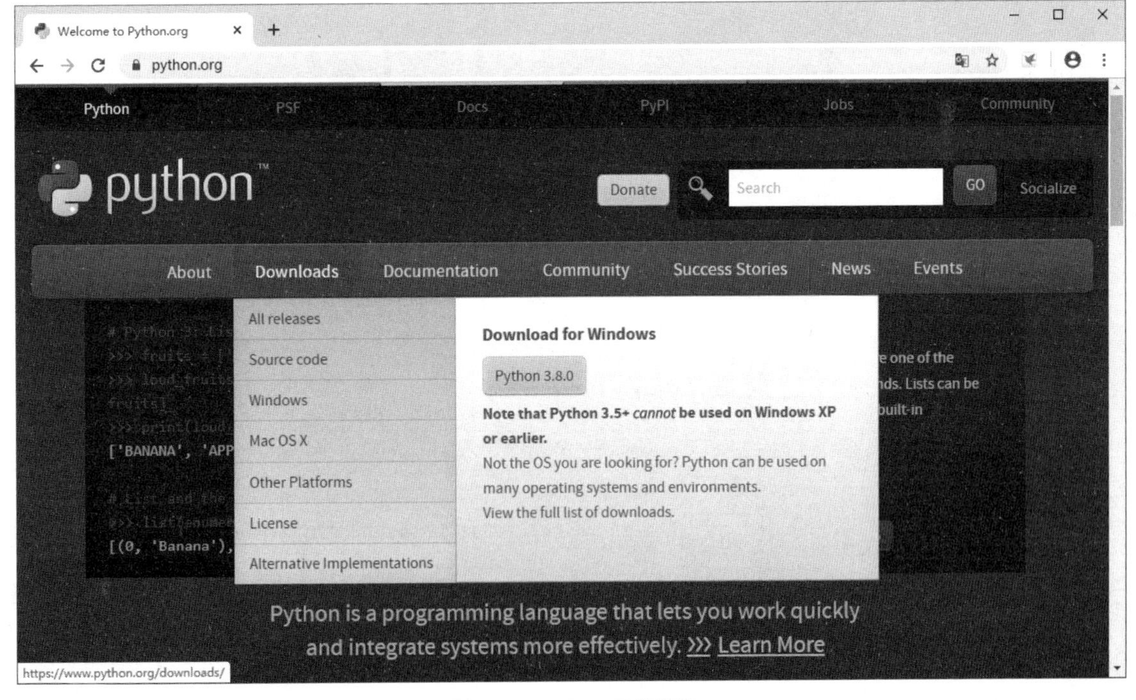

图 1-2 Python 下载菜单

网站会自动检测用户的操作系统类型，图 1-2 显示了 Python 为 Windows 系统提供的下载版本。图中显示了当前最新的版本为 Python 3.8.0，单击“Python 3.8.0”按钮即可下载安装程序。

Python 二级考试大纲建议使用 Python 3.4.2～3.5.3。要下载其他版本（如 3.5.3），在图 1-2 中单击“View the full list of downloads.”链接，进入全部下载列表页面，如图 1-3 所示。

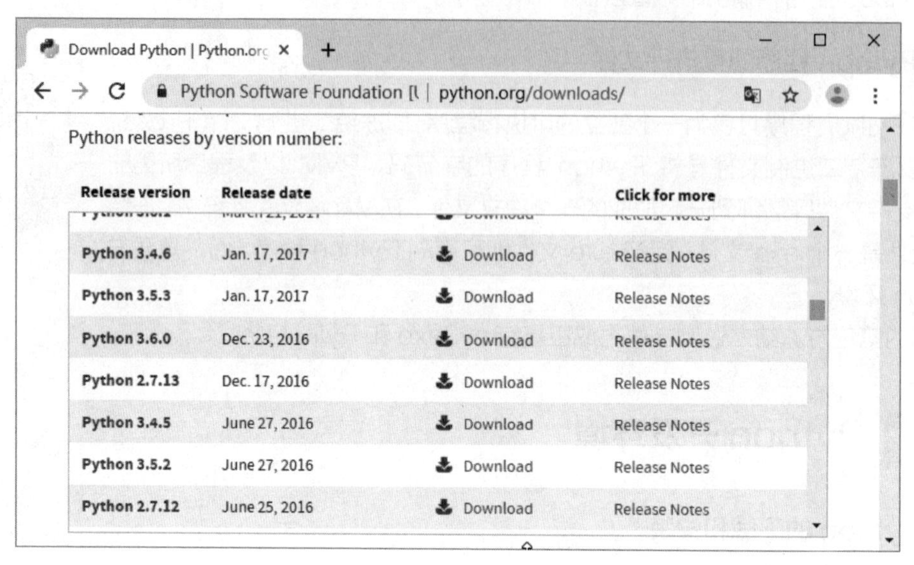

图 1-3　查看 Python 下载版本

在下载列表中找到要下载的 Python 版本号，单击版本号或“Download”链接，进入该版本的下载页面，如图 1-4 所示。

Python Release Python 3.5.3 | Python Software Foundation [US] | python.org/downloads/release/python-353/

Files

Version	Operating System	Description	MD5 Sum	File Size	GPG
Gzipped source tarball	Source release		6192f0e45f02575590760e68c621a488	20656090	SIG
XZ compressed source tarball	Source release		57d1f8bfbabf4f2500273fb0706e6f21	15213396	SIG
Mac OS X 32-bit i386/PPC installer	Mac OS X	for Mac OS X 10.5 and later	4994f588ebad17c4bf12148729b430d5	26385455	SIG
Mac OS X 64-bit/32-bit installer	Mac OS X	for Mac OS X 10.6 and later	6f9ee2ad1fceb1a7c66c9ec565e57102	24751146	SIG
Windows help file	Windows		91600322a55cff692dd7fbcb2fb0d841	7794982	SIG
Windows x86-64 embeddable zip file	Windows	for AMD64/EM64T/x64	1264131c4c2f3f935f34c455bceedee1	6913264	SIG
Windows x86-64 executable installer	Windows	for AMD64/EM64T/x64	333d536b5f76f95a6118fb2ecd623351	30261960	SIG
Windows x86-64 web-based installer	Windows	for AMD64/EM64T/x64	b6be1ce6e69ac7dcdfb3316c91bebd95	974352	SIG
Windows x86 embeddable zip file	Windows		7dbd6043bd041ed3db738ad90b6d697f	6087892	SIG
Windows x86 executable installer	Windows		2f5c4eed044a49f507ac64ad6f6abf80	29347880	SIG
Windows x86 web-based installer	Windows		80c2aff5d76767a5a566da01d72744b7	948992	SIG

图 1-4　Python 3.5.3 下载页面

页面中的“Windows x86 ……”安装程序适用于 32 位的 Windows 系统，“Windows x86-64 ……”安装程序同时适用于 32 位和 64 位的 Windows 系统。executable 表示安装程序是独立的安装包，包含了所有必需的文件。web-based 表示安装程序只包含必要的安装引导程序，在安装过程中可以根据安装选项从网络下载需要的文件。根据使用的操作系统，单击相应的链接即可下载安装程序。

双击安装程序图标，执行 Python 安装操作。“Windows x86-64 executable installer”安装程序启动后，其安装方式选择界面如图 1-5 所示。

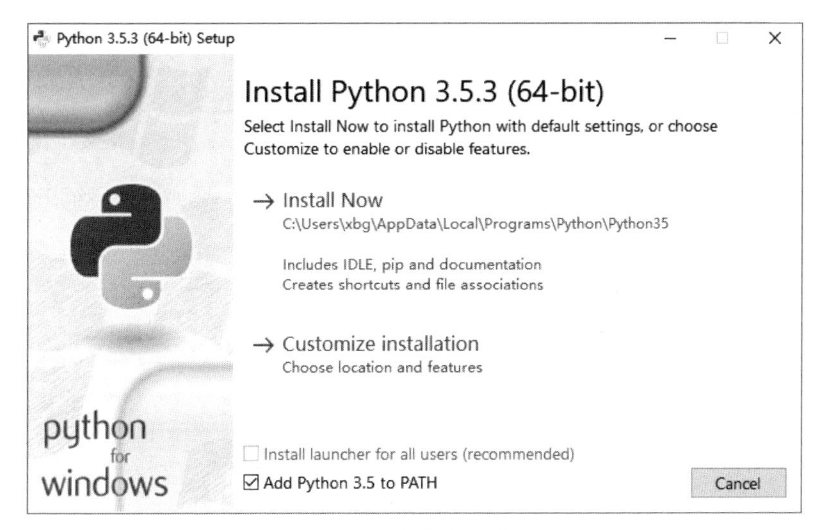

图 1-5　安装方式选择

务必勾选界面最下方的“Add Python 3.5 to PATH”复选框，将 Python 3.5 添加到系统的环境变量 PATH 中，从而保证在系统命令提示符窗口中，可在任意目录下执行 Python 相关命令（如 Python 解释器 Python.exe、安装工具 pip.exe 等）。

Python 安装程序提供了两种安装方式：“Install Now”和“Customize installation”。

“Install Now”方式按默认设置安装 Python，应记住默认的安装位置，在使用 Python 的过程中可能会访问该路径。

“Customize installation”为自定义安装方式，用户可设置 Python 安装路径和其他选项。限于篇幅，本书不再讲解 Python 详细的安装过程。

安装完成后，在 Windows 的开始菜单中选择“Python 3.5\Python 3.5”命令，可打开 Python 交互环境，如图 1-6 所示。

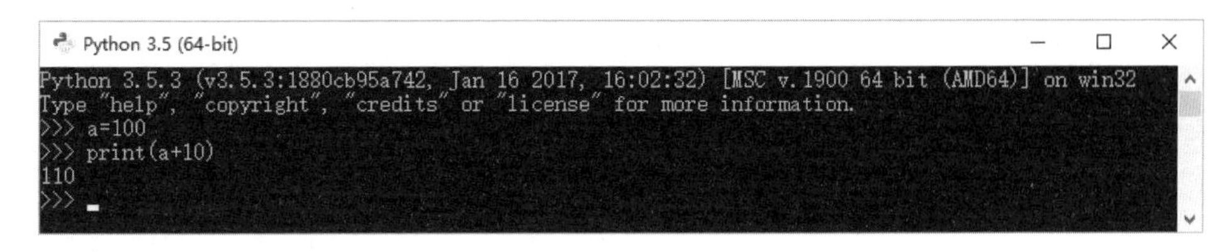

图 1-6　Python 交互环境

1.3.2 Python 编程工具：IDLE

1.3.2 Python 编程工具：IDLE

IDLE 是 Python 自带的编程工具，包含交互环境和源代码编辑器。以 Python 3.5 为例，可在 Windows 的开始菜单中选择“Python 3.5\IDLE”命令，启动 IDLE 交互环境，如图 1-7 所示。

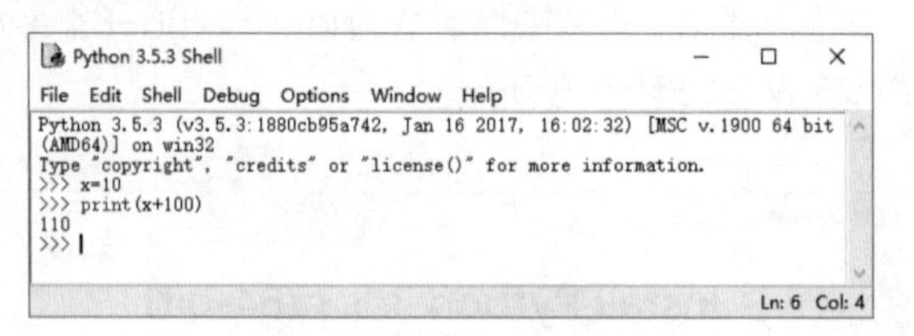

图 1-7 IDLE 交互环境

在交互环境中执行 Python 语句时，命令之前不能有任何空格，否则会提示缩进错误，如图 1-8 所示。

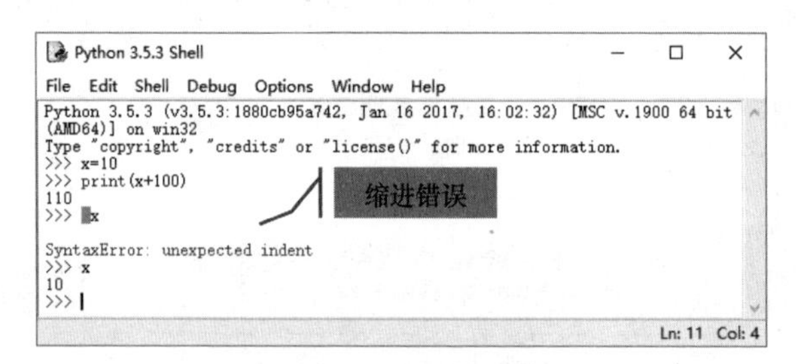

图 1-8 交互环境中的缩进错误

在 IDLE 交互环境中选择“File\New”命令，可打开源代码编辑器，如图 1-9 所示。

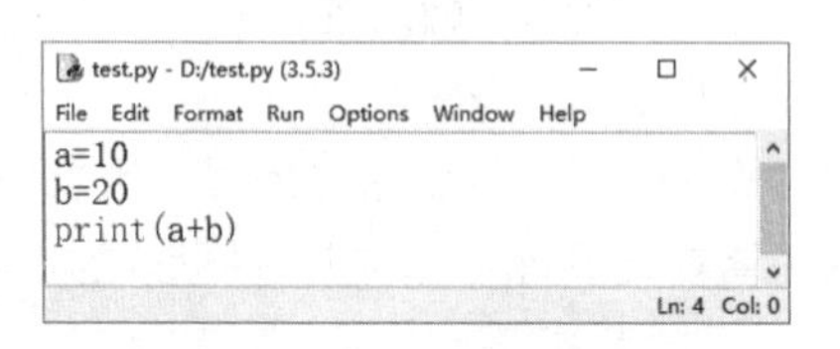

图 1-9 IDLE 源代码编辑器

代码编写完成后，选择“File\Save”命令或按【Ctrl+S】组合键保存程序文件。完成保存后，选择“Run\Run Module”命令或按【F5】键运行程序。运行结果显示在 IDLE 交互环境中，如图 1-10 所示。

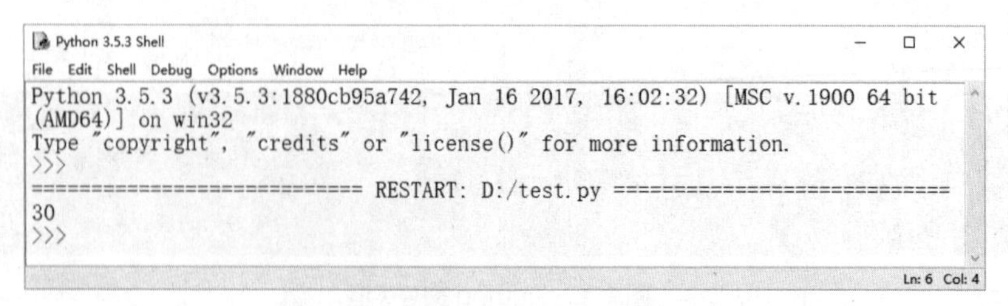

图 1-10 交互环境中显示的运行结果

1.4 综合实例

本节实例在 IDLE 中执行 Python 语句，并将所执行的语句编写为 Python 程序。具体操作步骤如下。

（1）在 Windows 开始菜单中选择“Python 3.5\IDLE”命令，启动 IDLE。

（2）输入“print("Hello Python")”，按【Enter】键执行语句，观察输出结果。

（3）输入“a="Hello Python"”，按【Enter】键执行语句。该语句将字符串赋值给变量，没有输出结果。

（4）输入“print(a)”，按【Enter】键执行语句，观察输出结果。

（5）输入“a”，按【Enter】键执行语句，观察输出结果。

该操作说明，在交互模式下变量名可作为语句使用，显示变量的值，与使用 print()函数类似。在交互模式下直接使用变量和使用 print()函数输出变量略有区别，例如当变量值为字符串时，直接使用变量显示的字符串包含了首尾的单引号或双引号，print()函数输出的字符串没有单引号或双引号。

（6）输入“for i in [1,2,3,4,5]:”，按【Enter】键换行。这是一个包含多行语句的 for 循环，按【Enter】键后，IDLE 会换行，并自动添加缩进。

（7）输入“print(a)”，按【Enter】键换行。

（8）再次按【Enter】键，执行输入的 for 循环（该循环会执行 5 次 print(a)语句）。

图 1-11 显示了上述操作和命令的输出结果。

```
Python 3.5.3 Shell
File  Edit  Shell  Debug  Options  Window  Help
Python 3.5.3 (v3.5.3:1880cb95a742, Jan 16 2017, 16:02:32) [MSC v.
1900 64 bit (AMD64)] on win32
Type "copyright", "credits" or "license()" for more information.
>>> print("Hello Python")
Hello Python
>>> a="Hello Python"
>>> print(a)
Hello Python
>>> a
'Hello Python'
>>> for i in [1,2,3,4,5]:
	print(a)


Hello Python
Hello Python
Hello Python
Hello Python
Hello Python
>>> |
                                                    Ln: 19  Col: 4
```

图 1-11　在 IDLE 交互环境中执行 Python 命令

（9）在 IDLE 交互环境中选择“File\New”命令，打开源代码编辑器。将步骤（1）~（8）中在交互环境中执行的命令添加到源代码编辑器中，完整的代码如下。

```
print("Hello Python")
a="Hello Python"
print(a)
```

```
a
for i in [1,2,3,4,5]:
    print(a)
```

（10）按【Ctrl+S】组合键保存程序文件，将文件命名为 practice1.py。

（11）按【F5】键运行程序，在 IDLE 交互环境中显示了运行结果，如图 1-12 所示。注意：代码中只有 print()函数输出的数据才会显示在交互环境中。

```
Python 3.5.3 Shell
File  Edit  Shell  Debug  Options  Window  Help
Python 3.5.3 (v3.5.3:1880cb95a742, Jan 16 2017, 16:02:32) [MSC v.1900 64 bit (
AMD64)] on win32
Type "copyright", "credits" or "license()" for more information.
>>>
========================== RESTART: D:\practice1.py ==========================
Hello Python
Hello Python
Hello Python
Hello Python
Hello Python
Hello Python
Hello Python
>>>
                                                                 Ln: 12  Col: 4
```

图 1-12　IDLE 交互环境中的程序运行结果

（12）按【Windows+R】组合键，打开 Windows 运行对话框，如图 1-13 所示。输入“cmd”，按【Enter】键运行，打开 Windows 命令提示符窗口。

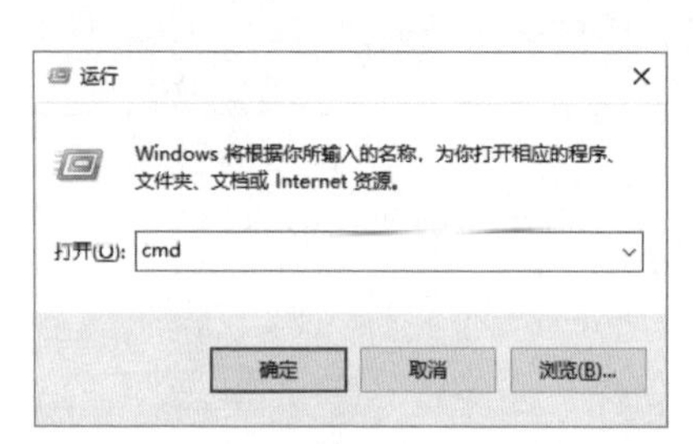

图 1-13　运行 cmd 命令

（13）切换到 practice1.py 文件所在的目录，执行“python practice1.py”命令运行程序文件，运行结果如图 1-14 所示。

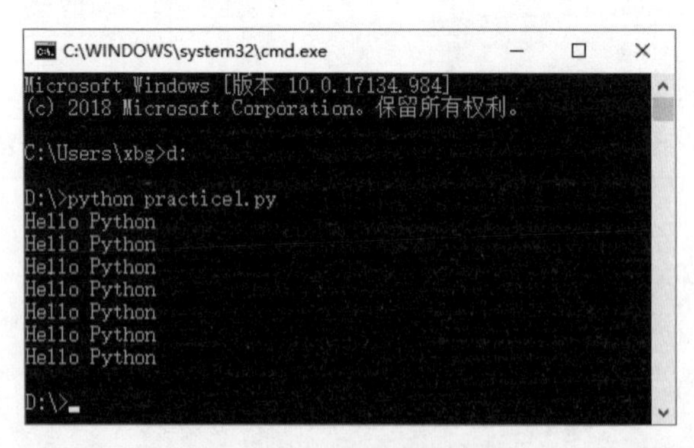

图 1-14　在 Windows 命令提示符窗口中执行 Python 程序

小　结

本章首先简单介绍了 Python 的发展历史、特点、版本以及 Python 3 和 Python 2 版本的主要区别，了解这些内容有助于更好地学习 Python。接着详细介绍了 Python 程序的运行方式、开发环境的搭建和编程工具的使用。对 Python 初学者而言，Python 自带的 IDLE 是最适用的编程工具。

习　题

一、单选选择题

1. Python 起源于（　　）。

A. ABC 语言　　B. C 语言　　C. Java 语言　　D. Modula-3 语言

2. 下列说法错误的是（　　）。

A. Python 是免费的开源软件
B. Python 是面向对象的程序设计语言
C. 与 C 类似，Python 中的变量必须先定义后使用
D. Python 具有跨平台特性

3. 下列关于 Python 2 和 Python 3 的说法错误的是（　　）。

A. Python 3 不兼容 Python 2
B. 在 Python 3 中可使用汉字作为变量名
C. 在 Python 2 中使用 print 语句完成输出
D. 在 Python 3 和 Python 2 中，str 类型的字符串是相同的

4. 下列关于 Python 程序运行方式的说法错误的是（　　）。

A. Python 程序在运行时，需要 Python 解释器
B. Python 命令可以在 Python 交互环境中执行
C. Python 的冻结二进制文件是一个可执行文件
D. 要运行冻结二进制文件，也需要提前安装 Python 解释器

5. 下列关于 IDLE 的说法错误的是（　　）。

A. 在 IDLE 中可交互式地执行 Python 命令
B. 在 IDLE 中可编写 Python 程序
C. 在 IDLE 中可运行 Python 程序
D. 在 IDLE 交互环境中，输入命令后按【F5】键执行

二、编程题

1. 在 IDLE 交互环境中，按顺序执行下面的命令。

```
a=12
b=9
c=a+b
print(c)
```

```
c
print('abc')
'abc'
```

2. 在 IDLE 中创建一个 Python 程序，输出 10 个 10 以内的随机整数，代码如下，运行程序查看结果。

```
import random
print('输出 10 个 10 以内的随机整数：')
for i in range(10):
    print(random.randrange(10),end=' ')
```

3. 在 IDLE 中创建一个 Python 程序，输出九九乘法表，代码如下，在 Windows 命令提示符窗口中运行程序查看结果。

```
for i in range(1,10):
    for j in range(1,i+1):
        print('%s*%s=%-2s' %(i,j,i*j),end=' ')
    print()
```

4. 在 IDLE 中创建一个 Python 程序，计算输入整数的阶乘，代码如下，运行程序查看结果。

```
def fac(n):
    if n==0:
        return 1
    else:
        return n*fac(n-1)
a=eval(input('请输入一个整数：'))
print(a,'!=',fac(a))
```

5. 在 IDLE 中创建一个 Python 程序，绘制图形，代码如下，运行程序查看结果。

```
from turtle import *
color('red', 'yellow')
begin_fill()
while True:
    forward(200)
    left(170)
    if abs(pos()) < 1:
        break
end_fill()
done()
```

第 2 章
Python 基本语法

Python 语法简单，容易学习和掌握。本章主要讲解 Python 语言的基本语法，包括基本语法元素、基本输入和输出、变量与对象等内容。

知识要点

- 掌握 Python 的基本语法元素
- 学会使用基本输入和输出函数
- 理解变量命名规则
- 学会使用赋值语句
- 理解变量与对象的关系
- 理解变量的共享引用

2.1 基本语法元素

Python 基本语法元素包括缩进、注释、语句续行符号、语句分隔符号、保留字和关键词等内容。

2.1.1 缩进

2.1.1 缩进

Python 默认从程序的第一条语句开始，按顺序依次执行各条语句。代码块可视为复合语句。

在 Java、C/C++等语言中，用大括号“{}”表示代码块，示例代码如下。

```
if ( x > 0 ) {
    y = 1;
}else{
    y = -1 ;
}
```

Python 使用缩进（空格）来表示代码块，连续的多条具有相同缩进量的语句为一个代码块。例如 if、for、while、def、class 等语句都会使用到代码块。通常，语句末尾的冒号表示代码块的开始，示例代码如下。

```
if x > 0:
    y = 1
else:
    y = -1
```

应注意同一个代码块中的语句，其缩进量应相同，否则会发生 IndentationError（缩进错误）异常，示例代码如下。

```
>>> x=1
>>> if x>0:
...     y=1
...   print(y)
  File "<stdin>", line 3
    print(y)
           ^
IndentationError: unindent does not match any outer indentation level
```

代码中的“print(y)”与上一行的“y=1”没有对齐，也没有与 if 语句对齐，因此 Python 无法判断它所属的代码块，于是发生缩进错误。

2.1.2 注释

注释用于为程序添加说明性的文字，帮助程序员阅读和理解代码。Python 解释器会忽略注释的内容。Python 注释分单行注释和多行注释。

2.1.2 注释

单行注释以符号“#”开始，当前行中符号“#”及其后的内容为注释。单行注释可以单独占一行，也可放在语句末尾。

多行注释是用 3 个英文的单引号“'''”或 3 个双引号“"""”作为注释的开始和结束符号，示例代码如下。

```
""" 多行注释开始
下面的代码根据变量 x 的值计算 y
注意代码中使用缩进表示代码块
多行注释结束
"""
x=5
if x > 100:
    y = x *5 - 1       #单行注释：x>100 时执行该语句
else:
    y = 0              #x<=100 时执行该语句
print(y)               #输出 y
```

2.1.3 语句续行符号

通常，Python 中的一条语句占一行，没有语句结束符号。可使用语句续行符号将一条语句写在多行之中。

Python 的语句续行符号为“\”，示例代码如下。

```
if x < 100 \
   and x>10:
    y = x *5 - 1
else:
    y = 0
```

2.1.3 语句续行符号

注意，在符号“\”之后不能有任何其他符号，包括空格和注释。

还有一种特殊的续行方式：在使用括号（包括“()”“[]”和“{}”等）时，括号中的内容可分多行书写，括号中的注释、空格和换行符都会被忽略，示例代码如下。

```
if (x < 100                #这是续行语句中的注释
   and x>10):
    y = x *5 - 1
else:
y = 0
```

2.1.4 语句分隔符号

Python 使用分号作为语句分隔符号，从而将多条语句写在一行，示例代码如下。

2.1.4 语句分隔符号

```
print(100) ; print(2+3)
```

使用语句分隔符号分隔的多条语句可视为一条复合语句，Python 允许将单独的语句或复合语句写在冒号之后，示例代码如下。

```
if x < 100 and x>10 : y = x *5 - 1
else: y = 0;print('x >= 100 或x<=10')
```

2.1.5 保留字和关键字

保留字是程序设计语言中保留的单词，以便版本升级更新后使用。关键字是程序设计语言中作为命令或常量等的单词。保留字和关键字不允许作为变量或其他标识符使用。

2.1.5 保留字和关键字

Python 的保留字和关键字如下。

```
False       await       else        import      pass
None        break       except      in          raise
True        class       finally     is          return
and         continue    for         lambda      try
as          def         from        nonlocal    while
assert      del         global      not         with
async       elif        if          or          yield
```

注意，Python 区分标识符的大小写，保留字和关键字必须严格区分大小写。

2.2 基本输入和输出

2.2.1 基本输入

Python 使用 input()函数输入数据，其基本语法格式如下。

2.2.1 基本输入

```
变量 = input('提示字符串')
```

其中，变量和提示字符串均可省略。input()函数将用户输入的内容作为字符串返回。用户按【Enter】键结束输入，【Enter】键之前的全部字符均作为输入内容。指定变量时，变量将保存输入的字符串，示例代码如下。

```
>>> a=input('请输入数据：')
请输入数据：'abc' 123,456 "python"
>>> a
'\'abc\' 123,456 "python"'
```

如果需要输入整数或小数，则应使用 int()或 float()函数转换数据类型，示例代码如下。

```
>>> a=input('请输入一个整数：')
请输入一个整数：5
>>> a                              #输出 a 的值，可看到输出的是一个字符串
'5'
>>> a+1                            #因为 a 中是一个字符串，试图执行加法运算，所以出错
Traceback (most recent call last):
  File "<stdin>", line 1, in <module>
TypeError: Can't convert 'int' object to str implicitly
>>> int(a)+1                       #将字符串转换为整数再执行加法运算，执行成功
6
```

在输入数据时，可按【Ctrl+Z】组合键中断输入，如果输入了其他字符，此时【Ctrl+Z】和输入的内容将作为字符串返回；如果没有输入任何数据，则会产生 EOFError 异常，示例代码如下。

```
>>> a=input('请输入数据:')           #有数据时，^Z 作为输入数据，不会出错
请输入数据:1231abc^Z
>>> a
'1231abc\x1a'
>>> a=input('请输入数据:')
请输入数据:^Z
Traceback (most recent call last):
  File "<stdin>", line 1, in <module>
EOFError
```

eval()函数可返回字符串的内容，即相当于去除字符串的引号，示例代码如下。

```
>>> a=eval('123')                  #等同于 a=123
>>> a
123
>>> type(a)
<class 'int'>
>>> x=10
```

```
>>> a=eval('x+20')                    #等同于 a=x+20
>>> a
30
```

在输入整数或小数时，可使用 eval()函数来执行转换，示例代码如下。

```
>>> a=eval(input('请输入一个整数或小数：'))
请输入一个整数或小数：12
>>> a
12
>>> type(a)
<class 'int'>
>>> a=eval(input('请输入一个整数或小数：'))
请输入一个整数或小数：12.34
>>> a
12.34
>>> type(a)
<class 'float'>
```

2.2.2 基本输出

2.2.2 基本输出

Python 3 使用 print()函数输出数据，其基本语法格式如下。

```
print([obj1,…][,sep=' '][,end='\n'][,file=sys.stdout])
```

1. 省略所有参数

print()函数的所有参数均可省略。无参数时，print()函数输出一个空行，示例代码如下。

```
>>> print()
```

2. 输出一个或多个数据

print()函数可同时输出一个或多个数据，示例代码如下。

```
>>> print(123)                          #输出一个数据
123
>>> print(123,'abc',45,'book')          #输出多个数据
123 abc 45 book
```

在输出多个数据时，默认使用空格作为输出分隔符。

3. 指定输出分隔符

print()函数可用 sep 参数指定分隔符号，示例代码如下。

```
>>> print(123,'abc',45,'book',sep='#')   #指定将符号"#"作为输出分隔符
123#abc#45#book
```

4. 指定输出结尾符号

print()函数默认以回车换行符号作为输出结尾符号，即在输出所有数据后会换行。后续的 print()函数在新行中继续输出。可以用 end 参数指定输出结尾符号，示例代码如下。

```
>>> print('price');print(100)           #默认输出结尾，两个数据输出在两行
price
100
>>> print('price',end='_');print(100)   #指定下划线为输出结尾符号，两个数据输出在一行
price_100
```

5. 输出到文件

print()函数默认输出数据到标准输出流（即 sys.stdout）。在 Windows 命令提示符窗口运行 Python 程序或在交互环境中执行命令时，print()函数将数据输出到命令提示符窗口。

可用 file 参数指定将数据的输出文件，示例代码如下。

```
>>> file1=open(r'd:\data.txt','w')                  #打开文件
>>> print(123,'abc',45,'book',file=file1)           #用 file 参数指定输出文件
>>> file1.close()                                   #关闭文件
```

上述代码创建了一个 data.txt 文件，print()函数将数据输出到该文件。可用记事本打开 data.txt 文件查看其内容，如图 2-1 所示。输出到文件和输出到命令提示符窗口的数据格式相同。

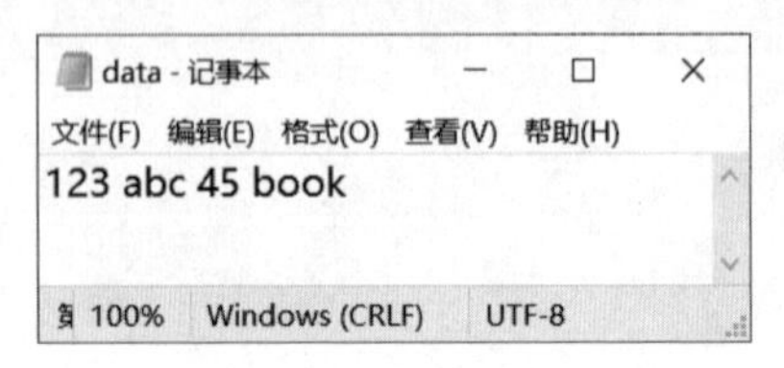

图 2-1 记事本中的 data.txt 文件内容

2.3 变量与对象

变量用于在 Python 程序中保存数据。在 Python 中，所有的数据都是对象，变量保存的是对对象的引用。

2.3.1 变量命名规则

在 Python 3 中，变量的命名规则如下。

- 首字符必须是下划线、英文字母或其他 Unicode 字符，其他字符可以是下划线、英文字母、数字或其他 Unicode 字符。例如，_abc、速度、r_1 等都是合法的变量名，而 2abc、price$则不能作为变量名。
- 变量名区分大小写。例如，Abc 和 abc 是两个不同的变量。
- 禁止使用 Python 保留字或关键字。保留字和关键字在 Python 中具有特殊意义，将保留字或关键字作为变量名会导致语法错误。

除了命名规则外，Python 还有一些变量使用惯例。

- 首尾各有两个下划线的变量名通常为系统变量，具有特殊作用。例如，__init__、__doc__都是系统变量。
- 默认情况下，以一个或两个下划线开头的变量（如_abc）不能使用“from...import *”语句从模块导入。
- 以两个下划线开头的变量（如__abc）是类的私有变量。

2.3.2 赋值语句

赋值语句用于将数据赋值给变量。Python 支持多种格式的赋值语句：简单赋值、序列赋值、多目标赋值和增强赋值等。

1. 简单赋值

2.3.2 赋值语句

简单赋值用于为一个变量赋值，示例代码如下。

```
x = 100
```

2. 序列赋值

序列赋值可以一次性为多个变量赋值。在序列赋值语句中，等号左侧是用元组或列表表示的多个变量，等号右侧是用元组、列表或字符串等序列表示的数据。Python 按先后顺序依次将数据赋值给变量，示例代码如下。

```
>>> x,y=1,2              #直接为多个变量赋值
>>> x
1
>>> y
2
>>> (x,y)=10,20          #为元组中的变量赋值
>>> x
10
>>> y
20
>>> [x,y]=30,'abc'       #为列表中的变量赋值
>>> x
30
>>> y
'abc'
```

当等号右侧为字符串时，Python 会将字符串分解为单个字符，依次赋值给各个变量。此时，变量个数与字符个数必须相等，否则会出错，示例代码如下。

```
>>> (x,y)='ab'           #用字符串为元组中的变量赋值
>>> x
'a'
>>> y
'b'
>>> ((x,y),z)='ab','cd'  #用嵌套的元组为变量赋值
>>> x
'a'
>>> y
'b'
>>> z
'cd'
>>> (x,y)='abc'          #字符个数与变量个数不一致，出错
Traceback (most recent call last):
  File "<stdin>", line 1, in <module>
ValueError: too many values to unpack (expected 2)
```

序列赋值时，可以在变量名之前使用“*”，不带“*”的变量仅匹配一个值，剩余的值作为列表赋值给带“*”的变量，示例代码如下。

```
>>> x,*y='abcd'                   #将第一个字符赋值给 x，剩余字符作为列表赋值给 y
>>> x
'a'
>>> y
['b', 'c', 'd']
>>> *x,y='abcd'                   #将最后一个字符赋值给 y，其他字符作为列表赋值给 x
>>> x
['a', 'b', 'c']
>>> y
'd'
>>> x,*y,z='abcde'                #将第一个字符赋值给 x，最后一个字符赋值给 z，其他字符作为列表赋值给 y
>>> x
'a'
>>> y
['b', 'c', 'd']
>>> z
'e'
>>> x,*y=[1,2,'abc','汉字']       #将第一个值赋值给 x，其他值作为列表赋值给 y
>>> x
1
>>> y
[2, 'abc', '汉字']
```

3. 多目标赋值

多目标赋值指用连续的多个等号将同一个数据赋值给多个变量，示例代码如下。

```
>>> a=b=c=10                      #将 10 赋值给变量 a、b、c
>>> a,b,c
(10, 10, 10)
```

等价于：

```
>>> a=10
>>> b=a
>>> c=b
```

4. 增强赋值

增强赋值指将运算符与赋值相结合的赋值语句，示例代码如下。

```
>>> a=5
>>> a+=10                         #增强赋值，等价于 a = a + 10
>>> a
15
```

Python 中的增强赋值运算符如表 2-1 所示。

表 2-1　增强赋值运算符

+=	-=	*=	**=
//=	&=	|=	^=
>>=	<<=	/=	%=

2.3.3 变量与对象

2.3.3 变量与对象

因为 Python 将所有的数据都作为对象来处理，赋值语句会在内存中创建对象和变量，以下面的赋值语句为例。

```
x = 5
```

Python 在执行该语句时，会按顺序执行 3 个步骤：首先，创建表示整数 5 的对象；其次，检查变量 x 是否存在，若不存在则创建变量 x；最后，建立变量 x 与整数对象 5 的引用关系。

图 2-2 说明了变量 x 和对象 5 之间的关系。

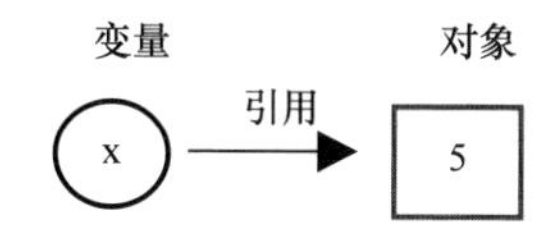

图 2-2　变量和对象的关系

在 Python 中使用变量时，必须理解下面几点。

- 变量在第一次赋值时被创建，再次出现时可以直接使用。
- 变量没有数据类型的概念。数据类型属于对象，数据类型决定了对象在内存中的存储方式。
- 变量引用对象。在表达式中使用变量时，变量立即被其引用的对象替代。所以在使用变量之前必须为其赋值。

示例代码如下。

```
>>> x=5                        #第一次赋值，创建变量 x，引用对象 5
>>> print(x+3)                 #变量 x 被对象 5 替代，语句实际为 print(5+3)
8
```

2.3.4 对象的垃圾回收

2.3.4 对象的垃圾回收

当对象没有被引用时，其占用的内存空间会自动被回收——称为自动垃圾回收。Python 为每一个对象创建一个计数器，记录对象的引用次数。当计数器为 0 时，对象被删除，其占用的内存被回收，示例代码如下。

```
>>> x=5                        #第一次赋值，创建变量 x，引用整数对象 5
>>> type(x)                    #实际执行 type(5)，所以输出整数对象 5 的数据类型
<class 'int'>
>>> x=1.5                      #使变量 x 引用浮点数对象 1.5，对象 5 被回收
>>> type(x)                    #实际执行 type(1.5)
<class 'float'>
>>> x='abc'                    #使变量 x 引用字符串对象"abc"，对象 1.5 被回收
>>> type(x)                    #实际执行 type('abc')
<class 'str'>
```

Python 自动完成对象的垃圾回收，在编写程序时不需要考虑对象的回收问题。

可以使用 del 命令删除变量，释放其占用的内存资源，示例代码如下。

```
>>> a=[1,2,3]
>>> del a                    #删除变量
```

2.3.5 变量的共享引用

共享引用指多个变量引用了同一个对象，示例代码如下。

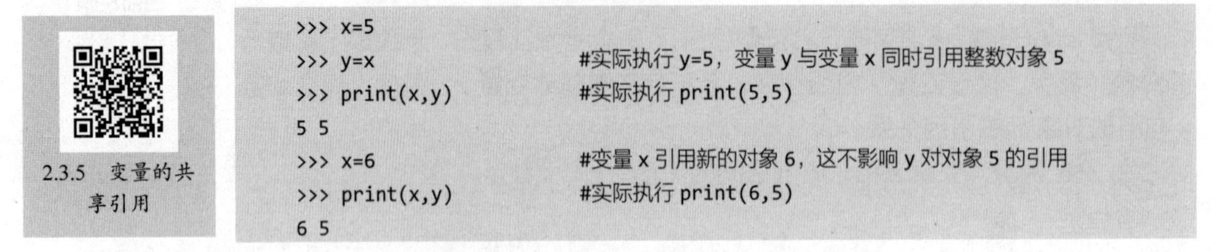


```
>>> x=5
>>> y=x                      #实际执行 y=5，变量 y 与变量 x 同时引用整数对象 5
>>> print(x,y)               #实际执行 print(5,5)
5 5
>>> x=6                      #变量 x 引用新的对象 6，这不影响 y 对对象 5 的引用
>>> print(x,y)               #实际执行 print(6,5)
6 5
```

在上面的代码执行过程中，变量和对象之间的引用变化如图 2-3 所示。

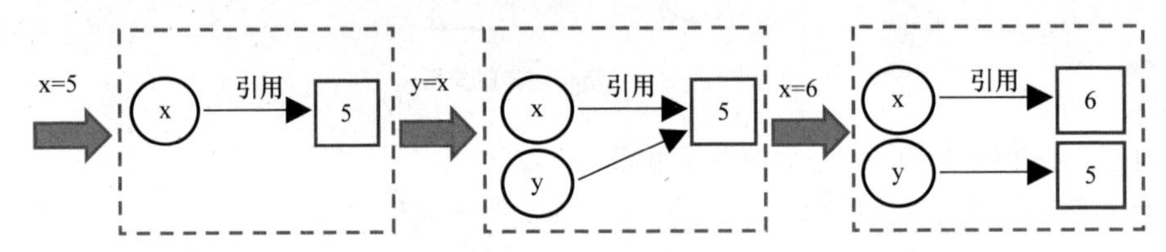

图 2-3　赋值语句引起的简单对象共享引用变化

将变量赋值给另一个变量时，将会使两个变量引用同一个对象。为变量赋予新的值，会使变量引用新的对象，原来的引用被删除。

当变量共享引用的对象是列表、字典或类的实例对象时，如果修改了被引用对象的值，那么所有引用该对象的变量获得的将是改变之后的对象值，示例代码如下。

```
>>> x=[1,2,3]
>>> y=x                      #使 y 和 x 引用同一个列表对象[1,2,3]
>>> x
[1, 2, 3]
>>> y                        #输出结果与 x 的输出相同
[1, 2, 3]
>>> x[0]=5                   #通过变量 x 修改列表对象的第一项
>>> x                        #通过变量 x 输出修改后的列表
[5, 2, 3]
>>> y                        #通过变量 y 输出修改后的列表
[5, 2, 3]
```

在上面的代码执行过程中，变量和对象之间的引用变化如图 2-4 所示。

可以用 is 操作符来判断两个变量是否引用了同一个对象。示例代码如下。

```
>>> x=5
>>> a=5
>>> a is x                   #变量 a 和 x 引用同一个变量，结果为 True
True
>>> b=a
>>> c=3
```

```
>>> a is b             #变量 a 和 b 引用同一个变量，结果为 True
True
>>> a is c             #变量 a 和 c 引用不同变量，结果为 False
False
```

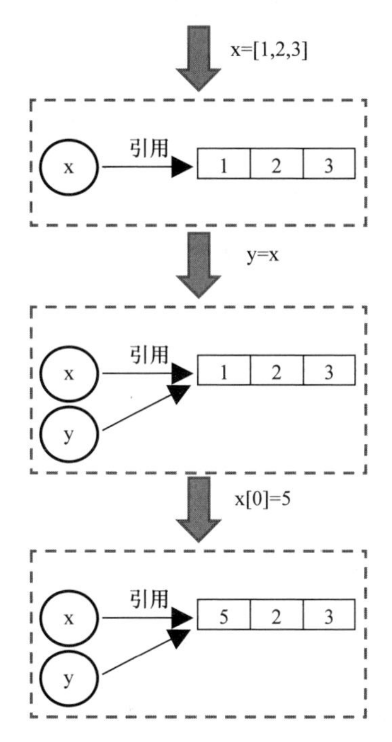

图 2-4　赋值语句引起的列表对象共享引用变化

2.4 综合实例

本节实例在 IDLE 中创建一个 Python 程序，输入 3 个数，再按从大到小的顺序输出这 3 个数，如图 2-5 所示。

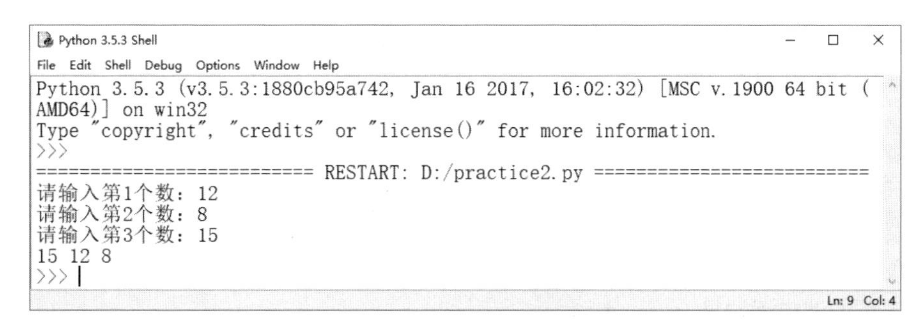

图 2-5　输入数据排序输出

具体操作步骤如下。

（1）在 Windows 开始菜单中选择“Python 3.5\IDLE”命令，启动 IDLE 交互环境。

（2）在 IDLE 交互环境中选择“File\New”命令，打开源代码编辑器。

（3）在源代码编辑器中输入下面的代码。

```
'''
输入 3 个数，按大到小的顺序排序，再输出
'''
a=eval(input('请输入第 1 个数：'))
b=eval(input('请输入第 2 个数：'))
c=eval(input('请输入第 3 个数：'))
if a < b:                                  #a、b 排序
    t=a
    a=b
    b=t
if a < c:                                  #a、c 排序
    t=a
    a=c
    c=t
if b < c:                                  #b、c 排序
    t=b
    b=c
    c=t
print(a,b,c)                               #输出排序之后的结果
```

（4）按【Ctrl+S】组合键保存程序文件，将文件命名为 practice2.py。

（5）按【F5】键运行程序，在 IDLE 交互环境中显示了运行结果，如图 2-5 所示。

小　结

本章首先介绍了 Python 的基本语法元素，包括缩进、注释、语句续行符号、语句分隔符号、保留字和关键字等内容。Python 程序使用 input()函数输入数据，用 print()函数输出数据。在使用 input()函数输入数据时，获得的数据为字符串。可使用 eval()函数去掉字符串引号，将其转换为真正需要的数据。

变量用于在程序中临时保存数据。应注意列表、字典和类的实例对象等对象的共享引用，通过一个变量修改对象后，其他引用该对象的变量获得的是修改后的内容。

习　题

一、单选选择题

1. Python 用于定义代码块的符号是（　　）。
   A. #　　B. 空格　　C. \　　D. {}
2. 下列说法错误的是（　　）。
   A. 使用续行符号可以将一条语句书写为多行
   B. 使用语句分隔符号可以将多条语句写在一行
   C. 以“#”开头的一句话可以写在多个行中
   D. 圆括号中的表达式可以分行书写

3. 下列选项中可作为变量名的是（　　）。
   A. true　　B. 2_ab　　C. False　　D. with
4. 下列说法错误的是（　　）。
   A. input()函数只能输入字符串
   B. 任何情况下均可按【Enter】键结束输入
   C. 任何情况下均可按【Ctrl+Z】组合键结束输入
   D. input()函数不能输入整数
5. 下列赋值语句中错误的是（　　）。
   A. x,y=10　　B. x,y=1,2　　C. (x,y)=1,2　　D. [x,y]='ab'

二、编程题

1. 请输入两个整数 m 和 n，计算 m 的 n 次幂。（幂运算符号为“**”）
2. 请输入一个四则运算表达式，输出运算结果。
3. 请输入两个数，交换它们的顺序后输出。
4. 请输入 3 个小数，用一个 print()函数输出这 3 个数，数之间用逗号分隔。
5. 下面程序的作用是输入两个整数，输出这两个数据的和。程序存在多处错误，请指出错误并纠正。

```
a=input('请输入一个整数：');
   b=input('请输入一个整数：')
c=a+;
   b
print(a,'+',
      b,'=',c)
```

第 3 章
基本数据类型

数据类型决定 Python 如何存储和处理数据。Python 的基本数据类型包括整数、浮点数、复数、小数、分数和字符串。

知识要点

- 理解数字类型
- 掌握数字运算的方法
- 理解字符串类型
- 掌握数据类型的操作方法

3.1 数字类型

数字类型包括整数、浮点数、复数、小数和分数。

3.1.1 整数类型

整数类型可细分为整型（int）和布尔型（bool）。

整型常量是不带小数点的数。例如，123、-12、0、9999999999999999 等。Python 3 不再区别整数和长整数，只要计算机内存空间足够，整数理论上可以无穷大。例如，下面在交互模式下分别输出 2 和 9 的 100 次方。

3.1.1 整数类型

```
>>> 2**100
1267650600228229401496703205376
>>> 9**100
2656139888758747693387813220357796268292334526533944959745749617390924909013021
82994384699044001
```

一般的整型常量都是十进制的。Python 还允许将整型常量表示为二进制、八进制和十六进制。

- 二进制：以“0b”或“0B”开头，后面是二进制数字（0 或 1）。例如，0b101、0B11。
- 八进制：以“0o”或“0O”开头，后面是八进制数字（0~7）。例如，0o15、0O123。
- 十六进制：以“0x”或“0X”开头，后面是十六进制数字（0~9、A~F 或 a~f）。例如，0x12AB、0x12ab。

不同进制只是整数的不同书写形式，Python 程序运行时会将整数处理为十进制数。

布尔型常量也称逻辑常量，只有 True 和 False 两个值。将布尔型常量转换为整型时，True 转换为 1，False 转换为 0。将布尔型常量转换为字符串时，True 转换为“True”，False 转换为“False”。在 Python 中，因为布尔型是整数的子类型，所以逻辑运算和比较运算均可归入数字运算的范畴。

3.1.2 浮点数类型

3.1.2 浮点数类型

浮点数类型的名称为 float。

12.5、2.、.5、3.0、1.23e+10、1.23E-10 等都是合法的浮点数常量。与整数不同，浮点数存在取值范围，超过取值范围会产生溢出错误（OverflowError）。浮点数的取值范围为-10^{308}~10^{308}。示例代码如下。

```
>>> 2.                                    #小数点后的 0 可以省略
2.0
>>> .5                                    #小数点前的 0 可以省略
0.5
>>> 10.0**308
1e+308
>>> 10.0**309                             #超出浮点数范围
Traceback (most recent call last):
  File "<stdin>", line 1, in <module>
OverflowError: (34, 'Result too large')
>>> -10.0**308
-1e+308
>>> -10.0**309                            #超出浮点数范围
Traceback (most recent call last):
  File "<stdin>", line 1, in <module>
OverflowError: (34, 'Result too large')
```

3.1.3 复数类型

3.1.3 复数类型

复数类型的名称为 complex。

复数常量表示为“实部+虚部”形式，虚部以 j 或 J 结尾。例如，2+3j、2-3J、2j。可用 complex()函数来创建复数，其基本格式如下。

```
complex(实部,虚部)
```

示例代码如下。

```
>>>  complex(2,3)
(2+3j)
```

3.1.4 小数类型

3.1.4 小数类型

因为计算机的硬件特点，计算机不能对浮点数执行精确运算，示例代码如下。

```
>>> 0.3+0.3+0.3+0.1               #计算结果并不是 1.0
0.9999999999999999
>>> 0.3-0.1-0.1-0.1               #计算结果并不是 0
```

```
-2.7755575615628914e-17
```

因此 Python 自 2.4 版本开始引入了一种新的数字类型：小数对象。小数可以看作是固定精度的浮点数，它有固定的位数和小数点，可以满足规定精度的计算。

1. 创建和使用小数对象

小数对象使用 decimal 模块中的 Decimal()函数创建，示例代码如下。

```
>>> from decimal import Decimal          #从模块导入函数
>>> Decimal('0.3')+Decimal('0.3')+Decimal('0.3')+Decimal('0.1')
Decimal('1.0')
>>> Decimal('0.3')-Decimal('0.1')-Decimal('0.1')-Decimal('0.1')
Decimal('0.0')
>>> type(Decimal('1.0'))
<class 'decimal.Decimal'>
```

2. 小数的全局精度

全局精度指作用于当前程序的小数的有效位数，默认全局精度为 28 位有效数字。可使用 decimal 模块中的上下文对象来设置小数的全局精度。首先，调用 decimal 模块的 getcontext()函数获得当前的上下文对象，再通过上下文对象的 prec 属性设置全局精度，示例代码如下。

```
>>> from decimal import *                      #导入模块
>>> Decimal('1')/Decimal('3')                  #用默认精度计算小数
Decimal('0.3333333333333333333333333333')
>>> context=getcontext()                       #获得上下文对象
>>> context.prec=5                             #设置全局小数精度为 5 位有效数字
>>> Decimal('1')/Decimal('3')
Decimal('0.33333')
>>> Decimal('10')/Decimal('3')
Decimal('3.3333')
```

3. 小数的临时精度

临时精度在 with 模块中使用。首先，调用 decimal 模块的 localcontext ()函数返回本地上下文对象，再通过本地上下文对象的 prec 属性设置临时精度，示例代码如下。

```
>>> with localcontext() as local:
...   local.prec=3
...   Decimal('1')/Decimal('3')
...   Decimal('10')/Decimal('3')
...
Decimal('0.333')
Decimal('3.33')
```

3.1.5 分数类型

3.1.5 分数类型

分数类型是 Python 2.6 和 3.0 版本引入的新数字类型。分数对象明确地拥有一个分子和分母，且分子和分母保持最简。使用分数可以避免浮点数的不精确性。

分数使用 fractions 模块中的 Fraction()函数创建，其基本语法格式如下。

```
x = Fraction(a,b)
```

其中，a 为分子，b 为分母，Python 自动计算 x 为最简分数，示例代码如下。

```
>>> from fractions import Fraction            #从模块导入函数
>>> x=Fraction(2,8)                           #创建分数
>>> x
Fraction(1, 4)
>>> x+2                                       #计算 1/4+2
Fraction(9, 4)
>>> x-2                                       #计算 1/4-2
Fraction(-7, 4)
>>> x*2                                       #计算 1/4×2
Fraction(1, 2)
>>> x/2                                       #计算 1/4÷2
Fraction(1, 8)
```

分数的打印格式与其在交互模式下直接显示的样式有所不同，示例代码如下。

```
>>> x=Fraction(2,8)
>>> x                                         #交互模式直接显示分数
Fraction(1, 4)
>>> print(x)                                  #打印分数
1/4
```

可以使用 Fraction.from_float()函数将浮点数转换为分数，示例代码如下。

```
>>> Fraction.from_float(1.25)
Fraction(5, 4)
```

3.2 数字运算

3.2.1 数字运算操作符

3.2.1 数字运算操作符

常用的数字运算操作符如表 3-1 所示。

表 3-1 常用数字运算

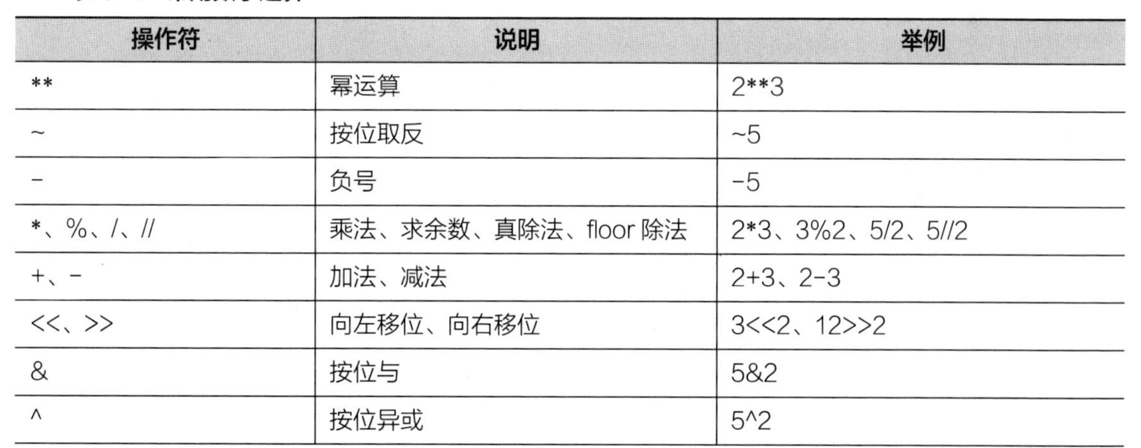

操作符	说明	举例
**	幂运算	2**3
~	按位取反	~5
-	负号	-5
*、%、/、//	乘法、求余数、真除法、floor 除法	2*3、3%2、5/2、5//2
+、-	加法、减法	2+3、2-3
<<、>>	向左移位、向右移位	3<<2、12>>2
&	按位与	5&2
^	按位异或	5^2

续表

操作符	说明	举例
		按位或	5|2
<、<=、>、>=、==、!=	小于、小于等于、大于、大于等于、相等、不等	2<3、2<=3、2>3、2>=3、2==3、2!=3
not	逻辑非	not True、not 2<3
and	逻辑与	x>5 and x<100
or	逻辑或	x<5 or x>100

1. 计算的优先级

表 3-1 中操作符的运算优先级按从上到下的顺序依次降低。可以用括号（括号优先级最高）改变计算顺序，示例代码如下。

```
>>> 2+3*5
17
>>> (2+3)*5
25
```

2. 计算中的自动数据类型转换

在运算过程中遇到不同类型的数字时，Python 总是将简单的类型转换为复杂的类型，示例代码如下。

```
>>> 2+3.5,type(2+3.5)
(5.5, <class 'float'>)
>>> 2+3.5+(2+3j),type(2+3.5+(2+3j))
((7.5+3j), <class 'complex'>)
```

Python 中的类型复杂度顺序为：布尔型比整型简单、整型比浮点数简单、浮点数比复数简单。

3. 求余数

"x % y" 计算 x 除以 y 的余数，余数符号与 y 一致。若存在一个操作数为浮点数，则结果为浮点数，否则为整数，示例代码如下。

```
>>> 5%2,5%-2,-5%2,-5%-2
(1, -1, 1, -1)
>>> 5%2.0,5%-2.0,-5%2.0,-5%-2.0
(1.0, -1.0, 1.0, -1.0)
```

4. 真除法和 floor 除法

"/" 运算称为真除法，这是为了与传统除法进行区别。在 Python 3.0 之前的版本中，"/" 运算在两个操作数都是整数时，计算结果只保留整数部分（称为截断除法）；如果有一个操作数是浮点数，则计算结果为浮点数，保留小数部分。在 Python 3 中，"/" 运算执行真除法，即无论操作数是否为整数，计算结果都是浮点数，保留小数部分，示例代码如下。

```
>>> 4/2,5/2
(2.0, 2.5)
```

“//” 运算称为 floor 除法。“x // y” 计算结果为不大于 x 除以 y 结果的最大整数。当两个操作数都是整数时，结果为 int 类型，否则为 float 类型，示例代码如下。

```
>>> 5//2,5//-2,-5//2,-5//-2              #操作数都是 int 类型，结果为 int 类型
(2, -3, -3, 2)
>>> 5//2.0,5//-2.0,-5//2.0,-5//-2.0      #操作数中一个是 float 类型，结果为 float 类型
(2.0, -3.0, -3.0, 2.0)
```

5. 位运算

“~”“&”“^”“|”“<<”“>>” 都是位运算符，按操作数的二进制位进行操作。

（1）按位取反 “~”

操作数的二进制位中，1 取反为 0，0 取反为 1，符号位也取反，示例代码如下。

```
>>> ~5          #5 的 8 位二进制形式为 00000101，按位取反为 11111010，即-6
-6
>>> ~-5         #-5 的 8 位二进制形式为 11111011，按位取反为 00000100，即 4
4
```

提示 **在计算机内部，数的位数与计算机字长一致。这里为了方便，用 8 位进行说明。计算机内部的数都使用补码表示。正数的补码与原码一致，负数的补码等于原码按位取反再加上 1（符号位不变）。例如，6 的原码和补码均为 00000110，-6 的原码为 10000110，补码为 11111010。**

（2）按位与 “&”

将两个操作数相同位置的数执行 “与” 操作，相同位置上的两个数都是 1 时，与的结果为 1，否则为 0，示例代码如下。

```
>>> 4 & 5       #4 的二进制形式为 00000100，5 为 00000101，所以结果为 00000100
4
>>> -4 & 5      #-4 的二进制形式为 11111100，5 为 00000101，所以结果为 00000100
4
```

（3）按位异或 “^”

执行 “按位异或” 操作，相同位置上的数相同时结果为 0，否则为 1，示例代码如下。

```
>>> 4 ^ 5
1
>>> -4 ^ 5
-7
```

（4）按位或 “|”

执行 “按位或” 操作，相同位置上的数有一个为 1 时结果为 1，否则为 0，示例代码如下。

```
>>> 4 | 5
5
>>> -4 | 5
-3
```

（5）向左移位“<<”

“x << y”表示将 x 按二进制形式向左移动 y 位，末尾补 0，符号位保持不变。向左移动 1 位等同于乘以 2，示例代码如下。

```
>>> 1<<2
4
>>> -1<<2
-4
```

（6）向右移位“>>”

“x >> y”表示将 x 按二进制形式向右移动 y 位，符号位保持不变。向右移动 1 位等同于除以 2，示例代码如下。

```
>>> 8>>2
2
>>> -8>>2
-2
```

6．比较运算

比较运算的结果为逻辑值（True 或 False），示例代码如下。

```
>>> 2 > 3
False
>>> 2 < 3.0
True
```

Python 允许将连续的多个比较运算符进行缩写，示例代码如下。

```
>>> a=1
>>> b=3
>>> c=5
>>> a < b < c                    #等价于 a<b and b<c
True
>>> a == b < c                   #等价于 a==b and b<c
False
>>> a < b > c                    #等价于 a<b and b>c
False
```

7．逻辑运算

逻辑运算（也称布尔运算）指逻辑值（True 或 False）执行“not”“and”或“or”操作。在判断 True 或 False 之外的数据是否为逻辑值时，Python 将属于下列情况的值都视为 False。

- None。
- 各种数字类型的 0，如 0、0.0、(0+0j)等。
- 空的序列，如''、()、[]等。
- 空的映射，如{}。
- 如果自定义类包含__bool__()方法或__len__()方法，当类的实例对象的__bool__()方法返回 False 或__len__()方法返回 0 时，将实例对象视为 False。

上述情况之外的值则视为 True。

（1）逻辑非“not”

“not True”为 False，“not False”为 True，示例代码如下。

```
>>> not True , not False
(False, True)
>>> not None , not 0 , not '' , not {}
(True, True, True, True)
```

（2）逻辑与“and”

“x and y”在两个操作数都为 True 时，结果才为 True，否则为 False。当 x 为 False 时，“x and y”的运算结果为 False，Python 不会再计算 y，示例代码如下。

```
>>> True and True , True and False , False and True , False and False
(True, False, False, False)
```

（3）逻辑或“or”

“x or y”在两个操作数都为 False 时，结果才为 False，否则为 True。当 x 为 True 时，“x or y”的运算结果为 True，Python 不会再计算 y，示例代码如下。

```
>>> True or True , True or False , False or True , False or False
(True, True, True, False)
```

3.2.2　数字处理函数

3.2.2　数字处理函数

Python 提供了用于数字处理的内置函数和内置模块。

1. 内置的常用数学函数

下面通过实际例子说明部分常用的内置数学函数。

```
>>> abs(-5)                     #返回绝对值
5
>>> divmod(9,4)                 #返回商和余数
(2, 1)
>>> a=5
>>> eval('a*a+1')               #返回字符串中的表达式，等价于 a*a+1
26
>>> max(1,2,3,4)                #返回最大值
4
>>> min(1,2,3,4)                #返回最小值
1
>>> pow(2,3)                    #pow(x,y)返回 x 的 y 次方，等价于 x**y
8
>>> round(1.56)                 #四舍五入：只有一个参数时四舍五入结果为整数
2
>>> round(1.567,2)              #四舍五入：保留指定位数的小数
1.57
>>> round(1.5),round(-1.5)      #四舍五入：舍入部分为 5 时，向偶数舍入
(2, -2)
>>> sum({1,2,3,4})              #求和
10
```

2. math 模块

Python 在 math 模块中提供了常用的数学常量和函数，要使用这些函数需要先导入 math 模块，示例代码如下。

```
>>> import math                              #导入 math 模块
>>> math.pi                                  #数学常量π
3.141592653589793
>>> math.e                                   #数学常量 e
2.718281828459045
>>> math.inf                                 #浮点数的正无穷大，-math.inf 表示负无穷大
inf
>>> math.ceil(2.3)                           #math.ceil(x)返回不小于 x 的最小整数
3
>>> math.fabs(-5)                            #math.fabs(x)返回 x 的绝对值
5.0
>>> math.factorial(0),math.factorial(5) #math.factorial(x)返回非负数 x 的阶乘
(1, 120)
>>> math.floor(2.3)                          #math.floor(x)返回不大于 x 的最大整数
2
>>> math.fmod(9,4)                           #math.fmod(x,y)返回 x 除以 y 的余数
1.0
>>> x=[0.1,0.1,0.1,0.1,0.1,0.1,0.1,0.1,0.1,0.1]
>>> sum(x)                                   #求和，sum()函数由于浮点数原因存在不精确性
0.9999999999999999
>>> math.fsum(x)                             #求和，math.fsum()比 sum()更精确
1.0
>>> math.gcd(12,8)                           #math.gcd(x,y)返回 x 和 y 的最大公约数
4
>>> math.trunc(15.67)                        #math.trunc(x)返回 x 的整数部分
15
>>> math.exp(2)                              #math.exp(x)返回 e 的 x 次方
7.38905609893065
>>> math.expm1(2)                            #math.expm1(x)返回 e 的 x 次方减 1 的值
6.38905609893065
```

3.3 字符串类型

字符串是一种有序的字符集合，用于表示文本数据。字符串中的字符可以是各种 Unicode 字符。字符串属于不可变序列，即不能修改字符串。字符串中的字符按照从左到右的顺序，具有位置顺序，即支持索引、分片等操作。

3.3.1 字符串常量

Python 字符串常量可用下列多种方法表示。

- 单引号：'a'、'123'、'abc'。
- 双引号："a"、"123"、"abc"。
- 三个单引号或双引号：'''Python code'''、"""Python string"""，三引号字符串可以包含多行

字符。

3.3.1 字符串常量

- 带“r”或“R”前缀的 Raw 字符串：r'abc\n123'、R'abc\n123'。
- 带“u”或“U”前缀的 Unicode 字符串：u'asdf'、U'asdf'。字符串默认为 Unicode 字符串，“u”或“U”前缀可以省略。

字符串都是 str 类型的对象，可用内置的 str 函数来创建字符串对象，示例代码如下。

```
>>> x=str(123)                  #用数字创建字符串对象
>>> x
'123'
>>> type(x)                     #测试字符串对象类型
<class 'str'>
>>> x=str('abc12')              #用字符串常量创建字符串对象
>>> x
'abc12
```

1. 单引号与双引号

在表示字符串常量时，单引号和双引号没有区别。在单引号字符串中可嵌入双引号，在双引号字符串中可嵌入单引号，示例代码如下。

```
>>> '123"abc'
'123"abc'
>>> "123'abc"
"123'abc"
>>> print('123"abc',"123'abc")
123"abc 123'abc
```

在交互模式下，直接显示字符串时，默认用单引号表示。如果字符串中有单引号，则用双引号表示。注意，字符串打印时，不会显示表示字符串的单引号或双引号。

2. 三引号

三引号通常用于表示多行字符串（也称块字符），示例代码如下。

```
>>> x="""This is
   a Python
   multiline string."""
>>> x
'This is\n\ta Python\n\tmultiline string.'
>>> print(x)
This is
   a Python
   multiline string.
```

注意在交互模式下直接显示结果时，字符串中的各种控制字符以转义字符的形式显示，与打印格式有所区别。

三引号的另一种作用是定义文档注释，被三引号包含的代码块作为注释，在执行时被忽略，示例代码如下。

```
""" 这是三引号字符串注释
if x>0:
```

```
    print(x,'是正数')
else:
    print(x,'不是正数')
注释结束 """
x='123'
print(type(x))
```

3. 转义字符

转义字符用于表示不能直接表示的特殊字符。Python 常用转义字符如表 3-2 所示。

表 3-2　常用转义字符

转义字符	说明
\\	反斜线
\'	单引号
\"	双引号
\a	响铃符
\b	退格符
\f	换页符
\n	换行符
\r	回车符
\t	水平制表符
\v	垂直制表符
\0	Null，空字符
\ooo	3 位八进制数表示的 Unicode 码对应字符
\xhh	2 位十六进制数表示的 Unicode 码对应字符

在 C 语言中，字符串以空字符作为结束符号，Python 把空字符串作为一个字符处理，示例代码如下。

```
>>> x='\0\101\102'          #字符串包含一个空字符和用两个八进制数表示的 Unicode 码字符
>>> x                       #直接显示字符串，非打印字符用十六进制表示
'\x00AB'
>>> print(x)                #打印字符串
AB
>>> len(x)                  #求字符串长度
3
```

4. Raw 字符串

Python 不会解析 Raw 字符串中的转义字符。Raw 字符串的典型应用是表示 Windows 系统中的文件路径，示例代码如下。

```
mf=open('D:\temp\newpy.py','r')
```

open 语句试图打开“D:\temp”目录中的 newpy.py 文件，Python 会将文件名字符串中的“\t”和“\n”处理为转义字符，从而导致错误。为避免这种情况，可将文件名字符串中的反斜线用转义字符表示，示例代码如下。

```
mf=open('D:\\temp\\newpy.py','r')
```

更简单的办法是用 Raw 字符串来表示文件名字符串，示例代码如下。

```
mf=open(r'D:\temp\newpy.py','r')
```

另一种替代办法是用正斜线表示文件名中的路径分隔符，示例代码如下。

```
mf=open('D:/temp/newpy.py','r')
```

3.3.2 字符串操作符

3.3.2 字符串操作符

Python 提供了 5 个字符串操作符：in、空格、加号、星号和逗号。

1. in

字符串是字符的有序集合，可用 in 操作符判断字符串包含关系，示例代码如下

```
>>> x='abcdef'
>>> 'a' in x
True
>>> 'cde' in x
True
>>> '12' in x
False
```

2. 空格

以空格分隔（或者没有分隔符号）的多个字符串可自动合并，示例代码如下。

```
>>> '12' '34' '56'
'123456'
```

3. 加号

加号可将多个字符串合并，示例代码如下。

```
>>> '12'+'34'+'56'
'123456'
```

4. 星号

星号用于将字符串复制多次以构成新的字符串，示例代码如下。

```
>>> '12' * 3
'121212'
```

5. 逗号

在使用逗号分隔字符串时，会创建字符串组成的元组，示例代码如下。

```
>>> x='abc','def'
```

```
>>> x
('abc', 'def')
>>> type(x)
<class 'tuple'>
```

3.3.3 字符串的索引

3.3.3 字符串的索引

字符串是一个有序的集合，其中的每个字符可通过偏移量进行索引或分片。字符串中的字符按从左到右的顺序，偏移量依次为：0、1、2……len-1（最后一个字符的偏移量为字符串长度减 1）；或者为：-len……-2、-1。

索引指通过偏移量来定位字符串中的单个字符，示例代码如下。

```
>>> x='abcdef'
>>> x[0]             #索引第 1 个字符
'a'
>>> x[-1]            #索引最后 1 个字符
'f'
>>> x[3]             #索引第 4 个字符
'd'
```

通过索引可获得指定位置的单个字符，但不能通过索引来修改字符串。因为字符串对象不允许被修改，示例代码如下。

```
>>> x='abcd'
>>> x[0]='1'         #试图修改字符串中的指定字符，出错
Traceback (most recent call last):
  File "<pyshell#54>", line 1, in <module>
    x[0]='1'
TypeError: 'str' object does not support item assignment
```

3.3.4 字符串的切片

字符串的切片也称分片，它利用索引范围从字符串中获得连续的多个字符（即子字符串）。字符串切片的基本格式如下。

3.3.4 字符串的切片

```
x[ start : end ]
```

表示返回字符串 x 中从偏移量 start 开始，到偏移量 end 之前的子字符串。start 和 end 参数均可省略，start 默认为 0，end 默认为字符串长度，示例代码如下。

```
>>> x='abcdef'
>>> x[1:4]           #返回偏移量为 1 到 3 的字符
'bcd'
>>> x[1:]            #返回偏移量为 1 到末尾的字符
'bcdef'
>>> x[:4]            #返回从字符串开头到偏移量为 3 的字符
'abcd'
>>> x[:-1]           #除最后一个字符外，其他字符全部返回
```

```
'abcde'
>>> x[:]                    #返回全部字符
'abcdef'
```

默认情况下，切片用于返回字符串中的多个连续字符，可以通过步长参数来跳过中间的字符，其基本格式如下。

```
x[ start : end : step]
```

用这种格式切片时，会依次跳过中间 step-1 个字符，step 默认为 1，示例代码如下。

```
>>> x='0123456789'
>>> x[1:7:2]                #返回偏移量为 1、3、5 的字符
'135'
>>> x[::2]                  #返回偏移量为偶数的全部字符
'02468'
>>> x[7:1:-2]               #返回偏移量为 7、5、3 的字符
'753'
>>> x[::-1]                 #将字符串反序返回
'9876543210'
```

3.3.5　迭代字符串

字符串是有序的字符集合，可用 for 循环迭代处理字符串，示例代码如下。

3.3.5　迭代字符串

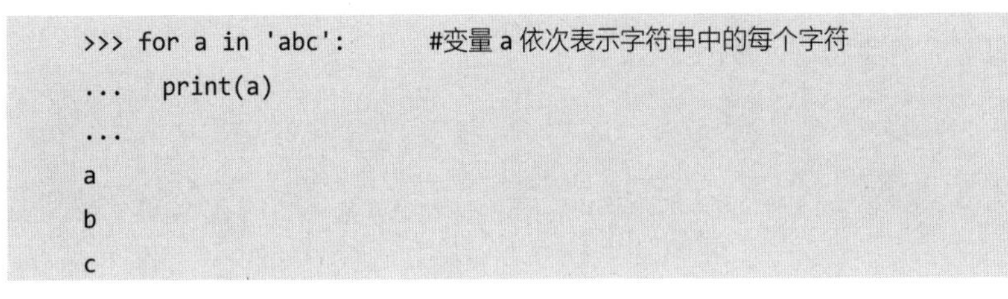

```
>>> for a in 'abc':         #变量 a 依次表示字符串中的每个字符
...   print(a)
...
a
b
c
```

3.3.6　字符串处理函数

3.3.6　字符串处理函数

常用的字符串处理函数包括 len()、str()、repr()、ord()和 chr()等。

1. 求字符串长度

字符串长度指字符串中包含的字符个数，可用 len()函数获得字符串长度，示例代码如下。

```
>>> len('abcdef')
6
```

2. 字符串转换

可用 str()函数将非字符串数据转换为字符串，示例代码如下。

```
>>> str(123)                #将整数转换为字符串
'123'
>>> str(1.23)               #将浮点数转换为字符串
'1.23'
>>> str(2+4j)               #将复数转换为字符串
```

```
'(2+4j)'
>>> str([1,2,3])          #将列表转换为字符串
'[1, 2, 3]'
>>> str(True)             #将布尔常量转换为字符串
'True'
```

还可使用 repr()函数来转换字符串。在转换数字时，repr()和 str()的效果相同。在处理字符串时，repr()会将一对表示字符串常量的单引号添加到转换后的字符串中，示例代码如下。

```
>>> str(123),repr(123)
('123', '123')
>>> str('123'),repr('123')
('123', "'123'")
>>> str("123"),repr("123")
('123', "'123'")
```

3. 求字符 Unicode 码

ord()函数返回字符的 Unicode 码，示例代码如下。

```
>>> ord('A')
65
>>> ord('中')
20013
```

4. 将 Unicode 码转换为字符

chr()函数返回 Unicode 码对应的字符，示例代码如下。

```
>>> chr(65)
'A'
>>> chr(20013)
'中'
```

3.3.7 字符串处理方法

字符串是 str 类型的对象，Python 提供了一系列方法用于字符串的处理。常用的字符串处理方法如下。

3.3.7 字符串处理方法

1. capitalize()

将字符串的第一个字母大写，其余字母小写，返回新的字符串，示例代码如下。

```
>>> 'this is Python'.capitalize()
'This is python'
```

2. count(sub[, start[, end]])

返回字符串 sub 在当前字符串的[start, end]范围内出现的次数，省略范围时会查找整个字符串，示例代码如下。

```
>>> 'abcabcabc'.count('ab')         #在整个字符串中统计 ab 出现的次数
3
>>> 'abcabcabc'.count('ab',2)       #从第 3 个字符开始到字符串末尾统计 ab 出现的次数
2
```

3. endswith(sub[, start[, end]])

判断当前字符串的[start, end]范围内的子字符串是否以 sub 字符串结尾，示例代码如下。

```
>>> 'abcabcabc'.endswith('bc')
True
>>> 'abcabcabc'.endswith('b')
False
```

4. startswith(sub[, start[, end]])

判断当前字符串的[start, end]范围内的子字符串是否以 sub 字符串开头，示例代码如下。

```
>>> 'abcd'.startswith('ab')
True
>>> 'abcd'.startswith('ac')
False
```

5. expandtabs(tabsize=8)

将字符串中的 Tab 字符替换为空格，参数默认为 8，即将一个 Tab 字符替换为 8 个空格，示例代码如下。

```
>>> x='12\t34\t56'
>>> x
'12\t34\t56'
>>> x.expandtabs()                 #默认将每个 Tab 字符替换为 8 个空格
'12      34      56'
>>> x.expandtabs(0)                #参数为 0 时删除全部 Tab 字符
'123456'
>>> x.expandtabs(4)                #将每个 Tab 字符替换为 4 个空格
'12  34  56'
```

6. find(sub[, start[, end]])

在当前字符串的[start, end]范围内查找子字符串 sub，返回 sub 第一次出现的位置，没有找到时返回-1，示例代码如下。

```
>>> x='abcdabcd'
>>> x.find('ab')
0
>>> x.find('ab',2)
4
>>> x.find('ba')
-1
```

7. index(sub[, start[, end]])

与 find()方法相同，只是在未找到子字符串时产生 ValueError 异常，示例代码如下。

```
>>> x='abcdabcd'
>>> x.index('ab')
0
>>> x.index('ab',2)
4
```

```
>>> x.index('ba')
Traceback (most recent call last):
  File "<pyshell#7>", line 1, in <module>
    x.index('ba')
ValueError: substring not found
```

8. rfind(sub[, start[, end]])

在当前字符串的[start, end]范围内查找子字符串 sub，返回 sub 最后一次出现的位置，没有找到时返回-1，示例代码如下。

```
>>> 'abcdabcd'.rfind('ab')
4
```

9. rindex(sub[, start[, end]])

与 rfind()方法相同，只是在未找到子字符串时产生 ValueError 异常，示例代码如下。

```
>>> 'abcdabcd'.rindex('ab')
4
```

10. format(args)

字符串格式化，将字符串中用“{}”定义的替换域依次用参数 args 中的数据替换，示例代码如下。

```
>>> 'My name is {0},age is {1}'.format('Tome',23)
'My name is Tome,age is 23'
>>> '{0},{1},{0}'.format(1,2)       #重复使用替换域
'1,2,1'
```

11. format_map(map)

使用字典完成字符串格式化，示例代码如下。

```
>>> 'My name is {name},age is {age}'.format_map({'name':'Tome','age':23})
'My name is Tome,age is 23'
```

12. isalnum()

当字符串不为空且不包含任何非数字或字母（包括各国文字）的字符时返回 True，否则返回 False，示例代码如下。

```
>>> '123'.isalnum()
True
>>> '123a'.isalnum()
True
>>> '123#asd'.isalnum()             #包含非数字或字母的字符
False
>>> ''.isalnum()                    #空字符串，返回 False
False
>>> '中国'.isalnum()
True
```

13. isalpha()

字符串不为空且其中的字符全部是字母（包括各国文字）时返回 True，否则返回 False，示例代码如下。

```
>>> 'abc'.isalpha()
True
>>> 'abc@#'.isalpha()
False
>>> ''.isalpha()
False
>>> 'ab13'.isalpha()
False
>>> '中国'.isalpha()
True
>>> '中国！'.isalpha()
False
```

14. isdecimal()

字符串不为空且其中的字符全部是数字时返回 True，否则返回 False，示例代码如下。

```
>>> '123'.isdecimal()
True
>>> '+12.3'.isdecimal()
False
>>> '12.3'.isdecimal()
False
```

15. islower()

字符串中的字母全部是小写字母时返回 True，否则返回 False，示例代码如下。

```
>>> 'abc123'.islower()
True
>>> 'Abc123'.islower()
False
```

16. isupper()

字符串中的字母全部是大写字母时返回 True，否则返回 False，示例代码如下。

```
>>> 'ABC123'.isupper()
True
>>> 'aBC123'.isupper()
False
```

17. isspace()

字符串中的字符全部是空格时返回 True，否则返回 False，示例代码如下。

```
>>> '   '.isspace()
True
>>> 'ab cd'.isspace()
False
>>> ''.isspace()
False
```

18. ljust(width[, fillchar])

当字符串长度小于 width 时，在字符串末尾填充 fillchar，使其长度等于 width。默认填充字符为空格，示例代码如下。

```
>>> 'abc'.ljust(8)
'abc     '
>>> 'abc'.ljust(8,'=')
'abc====='
```

19. rjust(width[, fillchar])

与 ljust()方法类似，只是在字符串开头填充字符，示例代码如下。

```
>>> 'abc'.rjust(8)
'     abc'
>>> 'abc'.rjust(8,'0')
'00000abc'
```

20. lower()

将字符串中的字母全部转换成小写字母，示例代码如下。

```
>>> 'This is ABC'.lower()
'this is abc'
```

21. upper()

将字符串中的字母全部转换成大写字母，示例代码如下。

```
>>> 'This is ABC'.upper()
'THIS IS ABC'
```

22. lstrip([chars])

未指定参数 chars 时，删除字符串开头的空格、回车符以及换行符，否则删除字符串开头包含在 chars 中的字符，示例代码如下。

```
>>> '\n \r  abc  '.lstrip()
'abc'
>>> 'abc123abc'.lstrip('ab')
'c123abc'
>>> 'abc123abc'.lstrip('ba')
'c123abc'
```

23. rstrip([chars])

未指定参数 chars 时，删除字符串末尾的空格、回车符以及换行符，否则删除字符串末尾包含在 chars 中的字符，示例代码如下。

```
>>> ' \n abc  \r\n'.rstrip()
' \n abc'
>>> 'abc123abc'.rstrip('abc')
'abc123'
>>> 'abc123abc'.rstrip('cab')
'abc123'
```

24. strip([chars])

未指定参数 chars 时，删除字符串首尾的空格、回车符以及换行符，否则删除字符串首尾包含在 chars 中的字符，示例代码如下。

```
>>> '\n \r  abc \r\n '.strip()
'abc'
>>> 'www.xhu.edu.cn'.strip('wcn')
'.xhu.edu.'
```

25. partition(sep)

参数 sep 是一个字符串，将当前字符串从 sep 第一次出现的位置分隔成 3 部分：sep 之前、sep 和 sep 之后，返回一个三元组。没有找到 sep 时，返回由当前字符串本身和两个空字符串组成的三元组，示例代码如下。

```
>>> 'abc123abc123abc123'.partition('12')
('abc', '12', '3abc123abc123')
>>> 'abc123abc123abc123'.partition('13')
('abc123abc123abc123', '', '')
```

26. rpartition(sep)

与 partition()类似，只是从当前字符串末尾开始查找第一个 sep，示例代码如下。

```
>>> 'abc123abc123abc123'.rpartition('abc')
('abc123abc123', 'abc', '123')
>>> 'abc123abc123abc123'.partition('ba')
('abc123abc123abc123', '', '')
```

27. replace(old, new[, count])

将当前字符串包含的 old 字符串替换为 new 字符串，省略 count 时会替换全部 old 字符串。指定 count 时，最多替换 count 次，示例代码如下。

```
>>> x='ab12'*4
>>> x
'ab12ab12ab12ab12'
>>> x.replace('12','000')                    #全部替换
'ab000ab000ab000ab000'
>>> x.replace('12','00',2)                   #替换 2 次
'ab00ab00ab12ab12'
```

28. split([sep],[maxsplit])

将当前字符串按 sep 指定的分隔字符串进行分解，返回包含分解结果的列表。省略 sep 时，以空格作为分隔符。maxsplit 指定分解次数，示例代码如下。

```
>>> 'ab cd ef'.split()                       #按默认的空格分解
['ab', 'cd', 'ef']
>>> 'ab,cd,ef'.split(',')                    #按指定字符分解
['ab', 'cd', 'ef']
>>> 'ab,cd,ef'.split(',',maxsplit=1)         #指定分解次数
['ab', 'cd,ef']
```

29. swapcase()

将字符串中的字母大小写互换，示例代码如下。

```
>>> 'abcDEF'.swapcase()
'ABCdef'
```

30. zfill(width)

如果字符串长度小于 width，则在字符串开头填充 0，使其长度等于 width。如果第一个字符为加号或减号，则在加号或减号之后填充 0，示例代码如下。

```
>>> 'abc'.zfill(8)
'00000abc'
>>> '+12'.zfill(8)
'+0000012'
>>> '-12'.zfill(8)
'-0000012'
>>> '+ab'.zfill(8)
'+00000ab'
```

3.3.8 字符串的格式化

除了可以用 format()方法进行字符串格式化外，还可使用格式化表达式来处理字符串。字符串格式化表达式用“%”表示，基本格式如下。

3.3.8 字符串的格式化

```
格式字符串 % (参数 1,参数 2……)
```

“%”之前为格式字符串，“%”之后为需要填入格式字符串中的参数。多个参数之间用逗号分隔。只有一个参数时，可省略圆括号。在格式字符串中，用格式控制符代表要填入的参数的格式，示例代码如下。

```
>>> 'float(%s)' % 5
'float(5)'
>>> "The %s's price is %4.2f" % ('apple',2.5)
"The apple's price is 2.50"
```

在格式字符串“The %s's price is %4.2f”中，“%s”和“%4.2f”是格式控制符，参数“apple”对应“%s”，参数 2.5 对应“%4.2f”。

Python 的格式控制符如表 3-3 所示。

表 3-3 Python 格式控制符

格式控制符	说明
s	将非 str 类型的对象用 str()函数转换为字符串
r	将非 str 类型的对象用 repr()函数转换为字符串
c	参数为单个字符（包括各国文字）或字符的 Unicode 码时，将 Unicode 码转化为对应的字符
d、i	参数为数字，转换为带符号的十进制整数
o	参数为数字，转换为带符号的八进制整数
x	参数为数字，转换为带符号的十六进制整数，字母小写
X	参数为数字，转换为带符号的十六进制整数，字母大写
e	将数字转换为科学计数法格式（小写）

续表

格式控制符	说明
E	将数字转换为科学计数法格式（大写）
f、F	将数字转换为十进制浮点数
g	浮点格式。如果指数小于-4 或不小于精度（默认为 6）则使用小写指数格式，否则使用十进制格式
G	浮点格式。如果指数小于-4 或不小于精度（默认为 6）则使用大写指数格式，否则使用十进制格式

格式控制符的基本格式如下。

```
%[name][flags][width[.precision]]格式控制符
```

其中：name 为圆括号括起来的字典对象的键，width 指定数字的宽度，precision 指定数字的小数位数。flags 为标识符，可使用下列符号。

- “+”：在数值前面添加正数（+）或负数（-）符号。
- “-”：在指定数字宽度时，当数字位数小于宽度时，将数字左对齐，末尾填充空格。
- “0”：在指定数字宽度时，当数字位数小于宽度时，在数字前面填充 0。与“+”或“-”同时使用时，“0”标识不起作用。
- “ ”：空格，在正数前添加一个空格表示符号位。

1. 格式控制符“s”与“r”

格式控制符“s”用于将非 str 对象用 str()函数转换为字符串，“r”用于将非 str 类型的对象用 repr()函数转换为字符串，示例代码如下。

```
>>> '%s %s %s' % (123,1.23,'abc')        #用“s”格式化整数、浮点数和字符串
'123 1.23 abc'
>>> '%r %r %r' % (123,1.23,'abc')        #用“r”格式化整数、浮点数和字符串，注意字符串的不同结果
"123 1.23 'abc'"
```

2. 转换单个字符

格式控制符“c”用于转换单个字符，参数可以是单个字符或字符的 Unicode 码，示例代码如下。

```
>>> '123%c %c' % ('a',65)
'123a A'
```

3. 整数的左对齐与宽度

在用 width 指定数字宽度时，若数字位数小于指定宽度，默认在数字左侧填充空格。可用标识符“0”表示填充 0 而不使用空格。若使用了左对齐标志，则数字靠左对齐，并在数字后填充空格保证宽度，示例代码如下。

```
>>> '%d %d' % (123,1.56)                 #未指定宽度时，数字原样转换，“%d”会将浮点数转换为整数
'123 1'
>>> '%6d' % 123                          #指定宽度时，默认填充空格
'   123'
>>> '%-6d' % 123                         #指定宽度，同时左对齐
```

```
'123   '
>>> '%06d' % 123                         #指定宽度并填充 0
'000123'
>>> '%-06d' % 123                        #同时使用左对齐并填充 0，此时填充 0 无效，用空格代替 0
'123   '
>>> '%+6d %+6d' % (123,-123)             #用加号表示显示正负号，默认填充空格
'  +123   -123'
>>> '%+06d %+06d' % (123,-123)           #用加号表示显示正负号，填充 0
'+00123 -00123'
```

4. 将整数转换为八或十六进制

格式控制符“o”表示将整数转换为八进制，“x”和“X”表示将整数转换为十六进制，示例代码如下。

```
>>> '%o %o' % (100,-100)                 #按默认格式转换为八进制
'144 -144'
>>> '%8o %8o' % (100,-100)               #指定宽度
'     144     -144'
>>> '%08o %08o' % (100,-100)             #指定宽度并填充 0
'00000144 -0000144'
>>> '%x %X' % (445,-445)                 #按默认格式转换为十六进制
'1bd -1BD'
>>> '%8x %8X' % (445,-445)               #指定宽度
'     1bd     -1BD'
>>> '%08x %08X' % (445,-445)             #指定宽度并填充 0
'000001bd -00001BD'
```

5. 转换浮点数

在转换浮点数时，“%e”“%E”“%f”“%F”“%g”和“%G”略有不同，示例代码如下。

```
>>> x=12.3456789
>>> '%e %f %g' % (x,x,x)
'1.234568e+01 12.345679 12.3457'
>>> '%E %F %G' % (x,x,x)                 #注意“%e”“%g”和“%E”“%G”的大小写区别
'1.234568E+01 12.345679 12.3457'
>>> x=1.234e10
>>> '%e %f %g' % (x,x,x)
'1.234000e+10 12340000000.000000 1.234e+10'
>>> '%E %F %G' % (x,x,x)
'1.234000E+10 12340000000.000000 1.234E+10'
```

可以为浮点数指定左对齐、补零、添加正负号、宽度和小数位数等，示例代码如下。

```
>>> x=12.3456789
>>> '%8.2f %-8.2f %+8.2f %08.2f' % (x,x,x,x)
'   12.35 12.35      +12.35 00012.35'
```

6. 转换字典对象

在格式化字典对象时，在控制符中用键指定对应的字典项，示例代码如下。

```
>>> '%(name)s is %(age)d years old' % {'name':'Tome','age':25}
'Tome is 25 years old'
```

3.3.9 bytes 字符串

3.3.9 bytes 字符串

bytes 对象是一个不可变的字节对象序列，是一种特殊的字符串——称为 bytes 字符串。bytes 字符串用前缀“b”或“B”表示，示例代码如下。

- 单引号：b'a'、b'123'、B'abc'。
- 双引号：b"a"、b"123"、B"abc"。
- 三个单引号或双引号：b'''Python code'''、B"""Python string"""。

bytes 字符串只能包含 ASCII 码字符，示例代码如下。

```
>>> x=b'abc'
>>> x
b'abc'
>>> type(x)                     #查看 bytes 字符串类型
<class 'bytes'>
>>> b'汉字 anc'                  #在 bytes 字符串中使用非 ASCII 码字符时出错
SyntaxError: bytes can only contain ASCII literal characters.
```

bytes 字符串支持前面介绍的各种字符串操作。不同之处在于，当使用索引时，bytes 字符串返回对应字符的 ASCII 码，示例代码如下

```
>>> x=b'abc'
>>> x[0]                        #获得字符 a 的 ASCII 码 97
97
```

可将 bytes 字符串转换为十六进制表示的 ASCII 码字符串，示例代码如下。

```
>>> b'abc'.hex()
'616263'
```

3.4 数据类型操作

3.4.1 类型判断

3.4.1 类型判断

可以使用 type()函数查看数据类型，示例代码如下。

```
>>> type(123)
<class 'int'>
>>> type(123.0)
<class 'float'>
```

3.4.2 类型转换

3.4.2 类型转换

1. 转换整数

可以使用 int()函数将一个字符串按指定进制转换为整数。int()函数的基本格式如下。

```
int('整数字符串',n)
```

int()函数按进制将整数字符串转换为对应的整数，示例代码如下。

```
>>> int('111')            #默认按十进制转换
111
>>> int('111',2)          #按二进制转换
7
>>> int('111',8)          #按八进制转换
73
>>> int('111',10)         #按十进制转换
111
>>> int('111',16)         #按十六进制转换
273
>>> int('111',5)          #按五进制转换
31
```

int 函数的第一个参数只能是整数字符串，即第一个字符可以是正负号，其他字符必须是数字，不能包含小数点或其他符号，否则会出错，示例代码如下。

```
>>> int('+12')
12
>>> int('-12')
-12
>>> int('12.3')                         #字符串中包含了小数点，错误
Traceback (most recent call last):
  File "<stdin>", line 1, in <module>
ValueError: invalid literal for int() with base 10: '12.3'
>>> int('123abc')                       #字符串中包含了字母，错误
Traceback (most recent call last):
  File "<stdin>", line 1, in <module>
ValueError: invalid literal for int() with base 10: '123abc'
```

2. 转换浮点数

float()函数可将整数和字符串转换为浮点数，示例代码如下。

```
>>> float(12)
12.0
>>> float('12')
12.0
>>> float('+12')
12.0
>>> float('-12')
-12.0
```

3. 转换字符串

除了前面介绍的 str()和 repr()函数可将数据转换为字符串。Python 还提供了内置函数 bin()、oct()和 hex()用于将整数转换为对应进制的字符串，示例代码如下。

```
>>> bin(50)               #转换为二进制字符串
'0b110010'
```

```
>>> oct(50)              #转换为八进制字符串
'0o62'
>>> hex(50)              #转换为十六进制字符串
'0x32'
```

3.5 综合实例

本节实例在 IDLE 中创建一个 Python 程序，输入 2 个整数，再执行各种计算，具体操作步骤如下。

3.5 综合实例

（1）在 Windows 开始菜单中选择“Python 3.5\IDLE”命令，启动 IDLE 交互环境。

（2）在 IDLE 交互环境中选择“File\New”命令，打开源代码编辑器。

（3）在源代码编辑器中输入下面的代码。

```
#输入两个整数，用不同的转换方法
a=eval(input('请输入第 1 个整数：'))
b=int(input('请输入第 2 个整数：'))
#将 a 转换为浮点数输出
print('float(%s)=' % a,float(a))
print('格式化为浮点数：%e，%f' % (a,b))
print('complex(%s,%s)=' % (a,b),complex(a,b))          #创建复数输出
from fractions import Fraction                          #导入分数构造函数
print('Fraction(%s,%s)=' % (a,b),Fraction(a,b))        #创建分数输出

#执行各种数字运算
print('幂运算：%s**%s=' % (a,b),a**b)
print('按位取反：~%s=%s  ~%s=%s' % (a,~a,b,~b))
print('加法运算：%s+%s=' % (a,b),a+b)
print('减法运算：%s-%s=' % (a,b),a-b)
print('乘法运算：%s*%s=' % (a,b),a*b)
print('/除法运算：%s/%s=' % (a,b),a/b)
print('/除法运算：%s/%s=' % (float(a),b),float(a)/b)
print('//除法运算：%s//%s=' % (a,b),a//b)
print('//除法运算：%s//%s=' % (float(a),b),float(a)//b)

#将 a 转换为二进制、八进制和十六进制
print('转换为二进制：bin(%s)=' % a,bin(a))
print('转换为八进制：oct(%s)=' % a,oct(a))
print('转换为十六进制：hex(%s)=' % a,hex(a))
#构造字符串
print('str(%s)*%s='%(a,b),str(a)*b)
```

（4）按【Ctrl+S】组合键保存程序文件，将文件命名为 practice3.py。

（5）按【F5】键运行程序，IDLE 交互环境显示了运行结果，如图 3-1 所示。

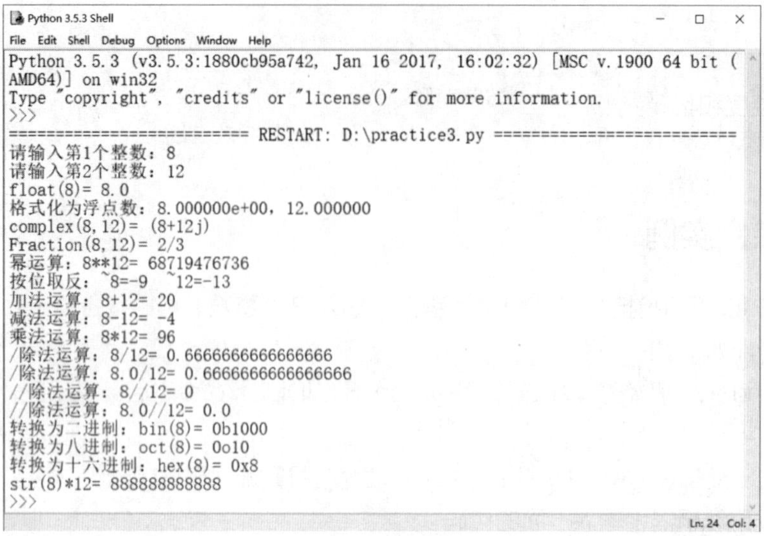

```
Python 3.5.3 Shell
File Edit Shell Debug Options Window Help
Python 3.5.3 (v3.5.3:1880cb95a742, Jan 16 2017, 16:02:32) [MSC v.1900 64 bit (
AMD64)] on win32
Type "copyright", "credits" or "license()" for more information.
>>>
========================= RESTART: D:\practice3.py =========================
请输入第1个整数: 8
请输入第2个整数: 12
float(8)= 8.0
格式化为浮点数: 8.000000e+00, 12.000000
complex(8,12)= (8+12j)
Fraction(8,12)= 2/3
幂运算: 8**12= 68719476736
按位取反: ~8=-9  ~12=-13
加法运算: 8+12= 20
减法运算: 8-12= -4
乘法运算: 8*12= 96
/除法运算: 8/12= 0.6666666666666666
/除法运算: 8.0/12= 0.6666666666666666
//除法运算: 8//12= 0
//除法运算: 8.0//12= 0.0
转换为二进制: bin(8)= 0b1000
转换为八进制: oct(8)= 0o10
转换为十六进制: hex(8)= 0x8
str(8)*12= 888888888888
>>>
Ln: 24 Col: 4
```

图 3-1　程序执行结果

小　结

本章主要介绍了 Python 的基本数据类型：数字类型和字符串类型。数字类型包括整数、浮点数、复数、小数和分数。数字类型支持各种数字运算，如加法、减法、乘法、除法等。在执行数字运算时，应注意运算符的优先级以及数字间的类型转换。

在 Python 3 中，所有的数据类型均采用类（class）来实现，所有数据都是对象。int()、float()和 str()等都是通过调用类对象来创建相应的实例对象。

习　题

一、单选选择题

1. 下列选项中不是有效整数的是（　　）。

A. 123　　B. 0b123　　C. 0O123　　D. 0X123

2. 下列选项中不是有效常量的是（　　）。

A. 0xabc　　B. true　　C. 2−3j　　D. 1.2E−5

3. 表达式“5%−2.0”的计算结果为（　　）。

A. 1　　B. −1　　C. 1.0　　D. −1.0

4. 执行下面的语句后，输出结果为（　　）。

```
x='abcdef'
print(x[2:3])
```

A. b　　B. c　　C. bc　　D. cd

5. 表达式“2+6/3+True”的计算结果的数据类型为（　　）。

A. int　　B. bool　　C. float　　D. decimal

二、编程题

1. 摄氏温度和华氏温度的转换公式为：摄氏温度=(华氏温度-32)/1.8。输入一个华氏温度，将其转换为摄氏温度并输出。

2. 计算图 3-2 所示的圆环的面积。半径 R1 和 R2 从键盘输入。

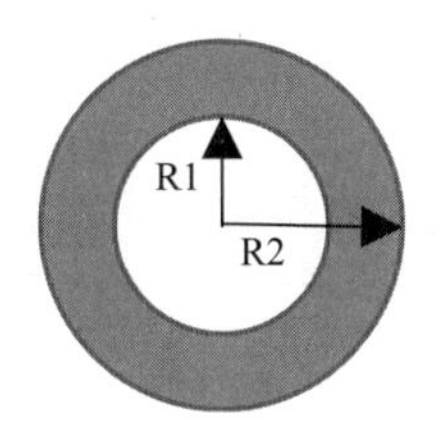

图 3-2 计算圆环面积

3. 输入梯形的上底、下底和高，计算梯形面积。

4. 输入某个字符，输出其 Unicode 码，同时输出该字符相邻的两个字符。

5. 输入一个 3 位的整数，分别输出其个位、十位和百位。

第 4 章 组合数据类型

在 Python 中，数字和字符串属于简单数据类型。集合（set）、列表（list）、元组（tuple）、字典（dict）和范围（range）等均属于组合数据类型。组合数据类型的对象是一个数据的容器，可以包含多个有序或无序的数据项。

知识要点

学会使用集合
学会使用列表
学会使用元组
学会使用字典
学会使用迭代和列表解析

4.1 集合

集合（set）是 Python 2.4 引入的一种类型。集合常量用大括号表示，例如，{1,2,3}。集合中的元素具有唯一、无序和不可改变等特点。集合支持数学理论中的各种集合运算。

4.1.1 集合常量

4.1.1 集合常量

集合常量用大括号表示，也可以用内置的 set()函数创建集合对象，示例代码如下。

```
>>> x={1,2,3}                   #直接使用集合常量
>>> x
{1, 2, 3}
>>> type(x)                     #获取集合对象的类型名称
<class 'set'>
>>> set({1,2,3})                #用集合常量做参数创建集合对象
{1, 2, 3}
>>> set([1,2,3])                #用列表常量做参数创建集合对象
{1, 2, 3}
>>> set('123abc')               #用字符串常量做参数创建集合对象
```

```
{'a', '3', 'b', 'c', '2', '1'}
>>> set()                          #创建空集合
set()
>>> type({})                       #{}表示空字典对象
<class 'dict'>
```

set()函数的参数为可迭代对象，如列表、字符串等。无参数时，set()函数创建一个空集合对象。空集合对象用 set()表示，空字典对象用{}表示。

集合中的元素不允许有重复值，在创建集合对象时，Python 会自动去除重复值，示例代码如下。

```
>>> {1,1,2,2}
{1, 2}
>>> set([1,1,2,2])
{1, 2}
```

Python 3.0 还引入了集合解析构造方法，示例代码如下。

```
>>> {x for x in [1,2,3,4]}
{1, 2, 3, 4}
>>> {x for x in 'abcd'}
{'c', 'a', 'b', 'd'}
>>> {x ** 2 for x in [1,2,3,4]}
{16, 1, 4, 9}
>>> {x * 2 for x in 'abcd'}
{'aa', 'bb', 'cc', 'dd'}
```

4.1.2 集合运算

4.1.2 集合运算

集合对象支持求长度、判断包含、求差集、求并集、求交集、求对称差和比较等运算，示例代码如下。

```
>>> x={1,2,'a','bc'}
>>> y={1,'a',5}
>>> len(x)              #求长度：计算集合中元素的个数
4
>>> 'a' in x            #判断包含：判断集合是否包括数据
True
>>> x - y               #求差集：用属于 x 但不属于 y 的元素创建新集合
{2, 'bc'}
>>> x | y               #求并集：用 x、y 两个集合中的所有元素创建新集合
{1, 2, 'a', 'bc', 5}
>>> x & y               #求交集：用同时属于 x 和 y 的元素创建新集合
{1, 'a'}
>>> x ^ y               #求对称差：用属于 x 但不属于 y 以及属于 y 但不属于 x 的元素创建新集合
{2, 5, 'bc'}
>>> x < y               #比较：判断子集和超集的关系，x 是 y 的子集时返回 True，否则返回 False
False
>>> {1,2}<x
True
```

4.1.3 集合基本操作

4.1.3 集合基本操作

集合对象中元素的值不支持修改，但可以复制集合，或为集合添加和删除元素，示例代码如下。

```
>>> x={1,2}
>>> y=x.copy()                #复制集合对象
>>> y
{1, 2}
>>> x.add('abc')              #为集合添加一个元素
>>> x
{1, 2, 'abc'}
>>> x.update({10,20})         #为集合添加多个元素
>>> x
{1, 2, 10, 20, 'abc'}
>>> x.remove(10)              #从集合中删除指定元素
>>> x
{1, 2, 20, 'abc'}
>>> x.remove(50)              #删除不存在的元素时会报错
Traceback (most recent call last):
  File "<stdin>", line 1, in <module>
KeyError: 50
>>> x.discard(20)             #从集合中删除指定元素
>>> x
{1, 2, 'abc'}
>>> x.discard(50)             #删除不存在的元素时不报错
>>> x.pop()                   #从集合中随机删除一个元素，并返回该元素。
1
>>> x
{2, 'abc'}
>>> x.clear()                 #删除集合中的全部元素
>>> x
set()
```

集合可用 for 循环执行迭代操作，示例代码如下。

```
>>> x={1,2,3}
>>> for a in x:print(a)
…
1
2
3
```

集合中的元素是不可改变的，因此不能将可变对象放入集合中。集合、列表和字典对象均不能加入集合。元组可以作为一个元素加入集合，示例代码如下。

```
>>> x={1,2}
>>> x
{1, 2}
>>> x.add({1})                #不能将集合对象加入集合
Traceback (most recent call last):
```

```
  File "<pyshell#25>", line 1, in <module>
    x.add({1})
TypeError: unhashable type: 'set'

>>> x.add([1,2,3])                    #不能将列表对象加入集合
Traceback (most recent call last):
  File "<pyshell#28>", line 1, in <module>
    x.add([1,2,3]
TypeError: unhashable type: 'list'

>>> x.add({'Mon':1})                  #不能将字典对象加入集合
Traceback (most recent call last):
  File "<pyshell#29>", line 1, in <module>
    x.add({'Mon':1})
TypeError: unhashable type: 'dict'

>>> x.add((1,2,3))                    #可以将元组加入集合
>>> x
{1, 2, (1, 2, 3)}
```

4.1.4 冻结集合

4.1.4 冻结集合

Python 提供了一种特殊的集合——冻结集合（frozenset）。冻结集合是一个不可改变的集合，可将其作为其他集合的元素。冻结集合的输出格式与普通集合不同，示例代码如下。

```
>>> x=frozenset([1,2,3])              #创建冻结集合
>>> print(x)                          #输出冻结集合
frozenset({1, 2, 3})

>>> y=set([4,5])
>>> y.add(x)                          #将冻结集合作为元素加入另一个集合
>>> y
{frozenset({1, 2, 3}), 4, 5}

>>> x.add(10)                         #试图为冻结集合添加元素时会发生错误
Traceback (most recent call last):
  File "<pyshell#44>", line 1, in <module>
    x.add(10)
AttributeError: 'frozenset' object has no attribute 'add'
```

4.2 列表

列表和元组都属于序列，序列支持索引、分片和合并等操作。字符串属于特殊的不可变序列。

4.2.1 列表基本特点和操作

4.2.1 列表基本特点和操作

列表常量用方括号表示，例如，[1,2,'abc']。列表的主要特点如下。

- 列表可以包含任意类型的对象：数字、字符串、列表、元组或其他对象。
- 列表是一个有序序列。与字符串类似，可通过位置偏移量执行列表的索引和分片操作。
- 列表是可变的。列表的长度可变，即可添加或删除列表成员。列表元素的值也可以改变。
- 每个列表元素存储的是对象的引用，而不是对象本身，类似于 C/C++的指针数组。

列表基本操作包括：创建列表、求长度、合并、重复、迭代、关系判断、索引和分片等。

1. 创建列表

列表对象可以用列表常量或 list()函数来创建，示例代码如下。

```
>>> []                                     #创建空列表对象
[]
>>> list()                                 #创建空列表对象
[]
>>> [1,2,3]                                #用同类型的数据创建列表对象
[1, 2, 3]

>>> [1,2,('a','abc'),[12,34]]              #用不同类型的数据创建列表对象
[1, 2, ('a', 'abc'), [12, 34]]

>>> list('abcd')                           #用可迭代对象创建列表对象
['a', 'b', 'c', 'd']

>>> list(range(-2,3))                      #用连续整数创建列表对象
[-2, -1, 0, 1, 2]

>>> list((1,2,3))                          #用元组创建列表对象
[1, 2, 3]

>>> [x+10 for x in range(5)]               #用解析结构创建列表对象
[10, 11, 12, 13, 14]
```

2. 求长度

可用 len()函数获得列表的长度，示例代码如下。

```
>>> len([])
0
>>> len( [ 1, 2, ('a', 'abc'), [3, 4] ])
4
```

3. 合并

加法运算可用于合并列表，示例代码如下。

```
>>> [1,2]+['abc',20]
[1, 2, 'abc', 20]
```

4. 重复

乘法运算可用于创建具有重复值的列表，示例代码如下。

```
>>> [1,2]*3
[1, 2, 1, 2, 1, 2]
```

5. 迭代

迭代操作可用于遍历列表元素，示例代码如下。

```
>>> x=[1,2,('a','abc'),[12,34]]
>>> for a in x:print(a)
…
1
2
('a', 'abc')
[12, 34]
```

6. 关系判断

可用 in 操作符判断对象是否属于列表，示例代码如下。

```
>>> 2 in [1,2,3]
True
>>> 'a' in [1,2,3]
False
```

7. 索引

与字符串类似，可通过位置来索引列表元素，也可通过索引修改列表元素，示例代码如下。

```
>>> x=[1,2,['a','b']]
>>> x[0]                    #输出列表的第 1 个数据
1
>>> x[2]                    #输出列表的第 3 个数据
['a', 'b']
>>> x[-1]                   #用负数从列表末尾开始索引
['a', 'b']
>>> x[2]=100                #修改列表的第 3 个数据
>>> x
[1, 2, 100]
```

8. 分片

与字符串类似，可通过分片来获得列表中的连续多个数据。也可以通过分片将连续多个数据替换成新的数据，示例代码如下。

```
>>> x=list(range(10))       #创建列表对象
>>> x
[0, 1, 2, 3, 4, 5, 6, 7, 8, 9]

>>> x[2:5]                  #返回分片列表
[2, 3, 4]

>>> x[2:]                   #省略分片结束位置时，分片直到列表末尾
[2, 3, 4, 5, 6, 7, 8, 9]

>>> x[:5]                   #省略分片开始位置时，分片从第 1 个数据开始
```

```
[0, 1, 2, 3, 4]

>>> x[3:10:2]                    #指定分片时的偏移量步长为 2
[3, 5, 7, 9]

>>> x[3:10:-2]                   #步长为负数时，按相反顺序获得数据
[]
>>> x[10:3:-2]
[9, 7, 5]

>>> x[2:5]='abc'                 #通过分片替换多个数据
>>> x
[0, 1, 'a', 'b', 'c', 5, 6, 7, 8, 9]

>>> x[2:5]=[10,20]               #通过分片替换多个数据
>>> x
[0, 1, 10, 20, 5, 6, 7, 8, 9]
```

4.2.2 常用列表方法

Python 为列表对象提供了一系列处理方法，如添加数据、删除数据和排序等。

4.2.2 常用列表方法

1. 添加单个数据

append()方法用于在列表末尾添加一个数据，示例代码如下。

```
>>> x=[1,2]
>>> x.append('abc')
>>> x
[1, 2, 'abc']
```

2. 添加多个数据

extend()方法用于在列表末尾添加多个数据，参数为可迭代对象，示例代码如下。

```
>>> x=[1,2]
>>> x.extend(['a','b'])          #用列表对象作参数
>>> x
[1, 2, 'a', 'b']
>>> x.extend('abc')              #用字符串作参数时，将每个字符作为一个数据
>>> x
[1, 2, 'a', 'b', 'a', 'b', 'c']
```

3. 插入数据

insert()方法用于在指定位置插入数据，示例代码如下。

```
>>> x=[1,2,3]
>>> x.insert(1,'abc')
>>> x
[1, 'abc', 2, 3]
```

4. 按值删除数据

remove()方法用于删除列表中的指定值。如果有重复值，则删除第 1 个，示例代码如下。

```
>>> x=[1,2,2,3]
>>> x.remove(2)
>>> x
[1, 2, 3]
```

5. 按位置删除

pop()方法用于删除指定位置的对象，省略位置时删除列表的最后一个对象，同时返回被删除的对象，示例代码如下。

```
>>> x=[1,2,3,4]
>>> x.pop()                     #删除并返回最后一个对象
4
>>> x
[1, 2, 3]
>>> x.pop(1)                    #删除并返回偏移量为 1 的对象
2
>>> x
[1, 3]
```

6. 用 del 语句删除

可用 del 语句删除列表中的指定数据或分片，示例代码如下。

```
>>> x=[1,2,3,4,5,6]
>>> del x[0]                    #删除第 1 个数据
>>> x
[2, 3, 4, 5, 6]
>>> del x[2:4]                  #删除偏移量为 2、3 的数据
>>> x
[2, 3, 6]
```

7. 删除全部数据

clear()方法可删除列表中的全部数据，示例代码如下。

```
>>> x=[1,2,3]
>>> x.clear()
>>> x
[]
```

8. 复制列表

copy()方法可以复制列表对象，示例代码如下。

```
>>> x=[1,2,3]
>>> y=x.copy()
>>> y
[1, 2, 3]
```

9. 列表排序

sort()方法可将列表排序。若列表对象全部是数字，则将数字从小到大排序。若列表对象全部是字符串，则按字典顺序排序。若列表包含多种类型，则会出错，示例代码如下。

```
>>> x=[10,2,30,5]
>>> x.sort()                              #对数字列表排序
>>> x
[2, 5, 10, 30]

>>> x=['bbc', 'abc', 'BBC', 'Abc']
>>> x.sort()                              #对字符串列表排序
>>> x
['Abc', 'BBC', 'abc', 'bbc']

>>> x=[1,5,3,'bbc','abc','BBC']
>>> x.sort()                              #对混合类型列表排序时出错
Traceback (most recent call last):
  File "<pyshell#115>", line 1, in <module>
    x.sort()
TypeError: unorderable types: str() < int()
```

sort()方法通过按顺序使用“<”运算符比较列表元素实现排序，它还支持自定义排序。可用 key 参数指定一个函数，sort()方法将列表元素作为参数调用该函数，用函数的返回值代替列表元素完成排序，示例代码如下。

```
>>> def getv(a):                          #返回字典中第 1 个键值对中的值
...   b=list(a.values())
...   return b[0]
...
>>> x=[{'price':20},{'price':2},{'price':12}]
>>> x.sort(key=getv)                      #按列表中每个字典的第 1 个键值对中的值排序
>>> x
[{'price': 2}, {'price': 12}, {'price': 20}]
```

sort()方法默认按从小到大排序，还可用 reverse 参数指定按从大到小排序，示例代码如下。

```
>>> b=[12,5,9,8]
>>> b.sort(reverse=True)                  #从大到小排序
>>> b
[12, 9, 8, 5]
>>> x.sort(key=getv,reverse=True)         #从大到小排序
>>> x
[{'price': 20}, {'price': 12}, {'price': 2}]
```

10. 反转顺序

可用 reverse()方法将列表中数据的位置反转，示例代码如下。

```
>>> x=[1,2,3]
>>> x.reverse()
```

```
>>> x
[3, 2, 1]
```

4.3 元组

元组可以看作是不可变的列表，它具有列表的大多数特点。元组常量用圆括号表示，例如，(1,2)、('a','b','abc')。

4.3.1 元组的特点和操作

4.3.1 元组的特点和操作

元组的主要特点如下。

- 元组可包含任意类型的对象。
- 元组是有序的。元组中的对象可通过位置进行索引和分片。
- 元组的大小不能改变，既不能为元组添加对象，也不能删除元组中的对象。
- 元组中的对象不能改变。
- 元组中存储的是对象的引用，而不是对象本身。

元组的基本操作包括：创建元组、求长度、合并、重复、迭代、关系判断、索引和分片等。

1. 创建元组

可用元组常量或 tuple()方法来创建元组对象，示例代码如下。

```
>>> ()                              #创建空元组对象
()
>>> tuple()                         #创建空元组对象
()
>>> (2,)                            #包含一个对象的元组，不能缺少逗号
(2,)
>>> (1,2.5,'abc',[1,2])             #包含不同类型对象的元组
(1, 2.5, 'abc', [1, 2])

>>> 1,2.5,'abc',[1,2]               #元组常量可以省略括号
(1, 2.5, 'abc', [1, 2])

>>> (1,2,('a','b'))                 #元组可以嵌套元组
(1, 2, ('a', 'b'))

>>> tuple('abcd')                   #用字符串创建元组，可迭代对象也可用于创建元组
('a', 'b', 'c', 'd')

>>> tuple([1,2,3])                  #用列表创建元组
(1, 2, 3)

>>> tuple(x*2 for x in range(5))    #用解析结构创建元组
(0, 2, 4, 6, 8)
```

2. 求长度

len()函数可用于获取元组长度，示例代码如下。

```
>>> len((1,2,3,4))
4
```

3. 合并

加法运算可用于合并多个元组，示例代码如下。

```
>>> (1,2)+('ab','cd')+(2.45,)
(1, 2, 'ab', 'cd', 2.45)
```

4. 重复

乘法运算可用于合并多个重复的元组，示例代码如下。

```
>>> (1,2)*3
(1, 2, 1, 2, 1, 2)
```

5. 迭代

可用迭代方法遍历元组中的各个对象，示例代码如下。

```
>>> for x in (1,2.5,'abc',[1,2]):print(x)
…
1
2.5
abc
[1, 2]
```

6. 关系判断

in 操作符可用于判断对象是否属于元组，示例代码如下。

```
>>> 2 in (1,2)
True
>>> 5 in (1,2)
False
```

7. 索引和分片

可通过位置对元组对象进行索引和分片，示例代码如下。

```
>>> x=tuple(range(10))
>>> x
(0, 1, 2, 3, 4, 5, 6, 7, 8, 9)
>>> x[1]
1
>>> x[-1]
9
>>> x[2:5]
(2, 3, 4)
>>> x[2:]
(2, 3, 4, 5, 6, 7, 8, 9)
```

```
>>> x[:5]
(0, 1, 2, 3, 4)
>>> x[1:7:2]
(1, 3, 5)
>>> x[7:1:-2]
(7, 5, 3)
```

4.3.2 元组的方法

4.3.2 元组的方法

元组对象支持两个方法：count()和 index()。

1. count()方法

count()方法用于返回指定值在元组中出现的次数，示例代码如下。

```
>>> x=(1,2)*3
>>> x
(1, 2, 1, 2, 1, 2)
>>> x.count(1)            #返回 1 在元组中出现的次数
3
>>> x.count(3)            #元组不包含指定值时，返回 0
0
```

2. index(value,[start,[end]])方法

index()方法用于在元组中查找指定值。未使用 start 和 end 指定范围时，返回指定值在元组中第一次出现的位置；指定范围时，返回指定值在指定范围内第一次出现的位置，示例代码如下。

```
>>> x=(1,2,3)*3
>>> x
(1, 2, 3, 1, 2, 3, 1, 2, 3)
>>> x.index(2)                    #默认查找全部元组
1
>>> x.index(2,2)                  #从偏移量 2 到元组末尾查找
4
>>> x.index(2,2,7)                #在范围[2:7]内查找
4
>>> x.index(5)                    #如果元组不包含指定的值，则出错
Traceback (most recent call last):
  File "<pyshell#171>", line 1, in <module>
    x.index(5)
ValueError: tuple.index(x): x not in tuple
```

4.4 字典

字典是一种无序的映射集合，包含一系列的键值对。字典常量用大括号表示，例如，{'name':'John','age':25,'sex':'male'}。其中，字符串“name”“age”和“sex”为键，字符串“John”和“male”以及数字 25 为值。

4.4.1 字典的特点和操作

字典的主要特点如下。

4.4.1 字典的特点和操作

- 字典的键名称通常采用字符串，也可以用数字、元组等不可变类型的数据。
- 字典的值可以是任意类型。
- 字典也称为关联数组或散列表，它通过键映射到值。字典是无序的，它通过键来访问映射的值，而不是通过位置来索引。
- 字典属于可变映射，可修改键映射的值。
- 字典的长度可变，可为字典添加或删除键值对。
- 字典可以任意嵌套，即键映射的值可以是一个字典。
- 字典存储的是对象的引用，而不是对象本身。

字典的基本操作包括创建字典、求长度、关系判断和索引等。

1. 创建字典

可通过多种方法来创建字典，示例代码如下。

```
>>> {}                                                  #创建空字典
{}
>>> dict()                                              #创建空字典
{}

>>> {'name':'John','age':25,'sex':'male'}               #使用字典常量
{'sex': 'male', 'age': 25, 'name': 'John'}

>>> {'book':{'Python 编程':100,'C++入门':99}}            #使用嵌套的字典
{'book': {'C++入门': 99, 'Python 编程': 100}}

>>> {1:'one',2:'two'}                                   #将数字作为键
{1: 'one', 2: 'two'}

>>> {(1,3,5):10,(2,4,6):50}                             #将元组作为键
{(1, 3, 5): 10, (2, 4, 6): 50}

>>> dict(name='Jhon',age=25)                            #使用赋值格式的键值对创建字典
{'age': 25, 'name': 'Jhon'}

>>> dict([('name','Jhon'),('age',25)])                  #使用包含键值对元组的列表创建字典
{'name': 'Jhon', 'age': 25}

>>> dict.fromkeys(['name','age'])                       #创建无映射值的字典，默认的键映射值为 None
{'age': None, 'name': None}

>>> dict.fromkeys(['name','age'],0)                     #创建值相同的字典
{'age': 0, 'name': 0}
```

```
>>> dict.fromkeys('abc')                     #使用字符串创建无映射值的字典
{'b': None, 'a': None, 'c': None}

>>> dict.fromkeys('abc',10)                  #使用字符串和映射值创建字典
{'b': 10, 'a': 10, 'c': 10}
>>> dict.fromkeys('abc',(1,2,3))
{'a': (1, 2, 3), 'b': (1, 2, 3), 'c': (1, 2, 3)}

>>> dict(zip(['name','age'],['John',25]))    #使用 zip 解析键值对列表创建字典
{'age': 25, 'name': 'John'}

>>> x={}                                     #先创建一个空字典
>>> x['name']='John'                         #通过赋值添加键值对
>>> x['age']=25
>>> x
{'age': 25, 'name': 'John'}
```

2. 求长度

len()函数可返回字典长度，即键值对的个数，示例代码如下。

```
>>> len({'name':'John','age':25,'sex':'male'})
3
```

3. 关系判断

in 操作符可用于判断字典是否包含某个键，示例代码如下。

```
>>> 'name' in {'name':'John','age':25,'sex':'male'}
True
>>> 'date' in {'name':'John','age':25,'sex':'male'}
False
```

4. 索引

字典可通过键来索引其映射的值，示例代码如下。

```
>>> x={'book':{'Python 编程':100,'C++入门':99},'publish':'人民邮电出版社'}
>>> x['book']
{'C++入门': 99, 'Python 编程': 100}
>>> x['publish']
'人民邮电出版社'
>>> x['book']['Python 编程']                 #用两个键索引嵌套的字典元素
100
```

可通过索引修改映射值，示例代码如下。

```
>>> x=dict(name='Jhon',age=25)
>>> x
{'age': 25, 'name': 'Jhon'}

>>> x['age']=30                              #修改映射值
>>> x
```

```
{'age': 30, 'name': 'Jhon'}

>>> x['phone']='17055233456'            #为不存在的键赋值，为字典添加键值对
>>> x
{'phone': '17055233456', 'age': 30, 'name': 'Jhon'}
```

也可通过索引删除键值对，示例代码如下。

```
>>> x={'name':'John','age':25}
>>> del x['name']                       #删除键值对
>>> x
{'age': 25}
```

4.4.2 字典常用方法

Python 为字典提供了一系列处理方法。

4.4.2 字典常用方法

1. clear()

删除全部字典对象，示例代码如下。

```
>>> x=dict(name='Jhon',age=25)
>>> x.clear()
>>> x
{}
```

2. copy()

复制字典对象，示例代码如下。

```
>>> x={'name':'John','age':25}
>>> y=x                                 #直接赋值时，x 和 y 引用同一个字典
>>> y
{'name': 'John', 'age': 25}
>>> y['name']='Curry'                   #通过 y 修改字典
>>> x,y                                 #显示结果相同
({'age': 25, 'name': 'Curry'}, {'age': 25, 'name': 'Curry'})

>>> y is x                              #判断是否引用相同对象
True

>>> y=x.copy()                          #y 引用复制的字典
>>> y['name']='Python'                  #此时不影响 x 的引用
>>> x,y
({'age': 25, 'name': 'Curry'}, {'age': 25, 'name': 'Python'})

>>> y is x                              #判断是否引用相同对象
False
```

3. get(key[, default])

get()方法返回键 key 映射的值。如果键 key 不存在，返回空值。可用 default 参数指定键不存

在时的返回值，示例代码如下。

```
>>> x={'name':'John','age':25}
>>> x.get('name')                                  #返回映射值
'John'
>>> x.get('addr')                                  #不存在的键返回空值
>>> x.get('addr','xxx')                            #不存在的键返回指定值
'xxx'
```

4. pop(key[, default])

pop()方法从字典中删除键值对，并返回被删除的映射值。若键不存在，则返回 default。若键不存在且未指定 default 参数时，删除键会出错，示例代码如下。

```
>>> x={'name':'John','age':25}
>>> x.pop('name')                                  #删除键并返回映射值
'John'
>>> x
{'age': 25}

>>> x.pop('sex','xxx')                             #删除不存在的键，返回 default 参数值
'xxx'

>>> x.pop('sex')                                   #删除不存在的键，未指定 default 参数，出错
Traceback (most recent call last):
  File "<pyshell#252>", line 1, in <module>
    x.pop('sex')
KeyError: 'sex'
```

5. popitem()

popitem()方法从字典删除键值对，同时返回被删除的键值对元组。空字典调用该方法会产生 KeyError 错误，示例代码如下。

```
>>> x={'name':'John','age':25}
>>> x.popitem()                                    #删除键值对并返回元组
('age', 25)
>>> x                                              #x 中剩余一个键值对
{'name': 'John'}

>>> x.popitem()                                    #删除键值对并返回元组
('name', 'John')
>>> x                                              #x 为空字典
{}
>>> x.popitem()                                    #空字典产生 KeyError 错误
Traceback (most recent call last):
  File "<pyshell#3>", line 1, in <module>
    x.popitem()
KeyError: 'popitem(): dictionary is empty'
```

6. setdefault(key[, default])

setdefault()方法用于返回映射值或者为字典添加键值对。指定的键 key 在字典中存在时，返回其映射值。若指定的键 key 不存在，则将键值对“key:default”添加到字典。省略 default 时，添加的映射值默认为 None，示例代码如下。

```
>>> x={'name':'John','age':25}
>>> x.setdefault('name')                    #返回指定键的映射值
'John'

>>> x.setdefault('sex')                     #键不存在，为字典添加键值对，映射值默认为 None
>>> x
{'sex': None, 'age': 25, 'name': 'John'}

>>> x.setdefault('phone','123456')          #添加键值对
'123456'

>>> x
{'sex': None, 'phone': '123456', 'age': 25, 'name': 'John'}
```

7. update(other)

update()方法用于为字典添加键值对。参数 other 可以是另一个字典或用赋值格式表示的元组。若字典已存在同名的键，则该键的映射值被覆盖，示例代码如下。

```
>>> x={'name':'John','age':25}
>>> x.update({'age':30,'sex':'male'})       #添加键值对，并覆盖同名键的映射值
>>> x                                       #age 的映射值已被修改
{'sex': 'male', 'age': 30, 'name': 'John'}

>>> x.update(name='Mike')                   #修改映射值
>>> x
{'sex': 'male', 'age': 30, 'name': 'Mike'}
>>> x.update(code=110,address='NewStreet')  #添加键值对
>>> x
{'sex': 'male', 'address': 'NewStreet', 'age': 30, 'code': 110, 'name': 'Mike'}
```

4.4.3 字典视图

4.4.3 字典视图

items()、keys()和 values()方法用于返回字典键值对的视图对象。视图对象支持迭代操作，不支持索引。当字典对象发生改变时，字典视图可实时反映字典的改变。可通过 list()方法将视图对象转换为列表。

1. items()

items()方法返回键值对视图，示例代码如下。

```
>>> x={'name':'John','age':25}
>>> y=x.items()                     #返回键值对视图
>>> y                               #键值对视图为 dict_items 对象
```

```
dict_items([('age', 25), ('name', 'John')])

>>> for a in y:print(a)              #迭代键值对视图
…
('age', 25)
('name', 'John')

>>> x['age']=30                       #修改字典
>>> x
{'age': 30, 'name': 'John'}
>>> y                                 #从显示结果可以看出视图反映了字典中修改的内容
dict_items([('age', 30), ('name', 'John')])

>>> list(y)                           #将键值对视图转换为列表
[('age', 25), ('name', 'John')]
```

2. keys()

keys()方法返回字典中所有键的视图，示例代码如下。

```
>>> x={'name':'John','age':25}
>>> y=x.keys()                        #返回所有键的视图
>>> y                                 #显示键视图，键视图为 dict_keys 对象
dict_keys(['age', 'name'])

>>> x['sex']='male'                   #为字典添加键值对
>>> x
{'sex': 'male', 'age': 25, 'name': 'John'}
>>> y                                 #显示结果说明键视图包含了新添加的键
dict_keys(['sex', 'age', 'name'])

>>> list(y)                           #将键视图转换为列表
['sex', 'age', 'name']
```

3. values()

values()方法返回字典中全部值的视图，示例代码如下。

```
>>> x={'name':'John','age':25}
>>> y=x.values()                      #返回字典中所有值的视图
>>> y                                 #显示值视图，值视图为 dict_values 对象
dict_values([25, 'John'])

>>> x['sex']='male'                   #添加键值对
>>> y                                 #值视图包含了新添加的值
dict_values(['male', 25, 'John'])

>>> list(y)                           #将值视图转换为列表
['male', 25, 'John']
```

4. 键视图的集合操作

键视图支持各种集合运算，键值对视图和值视图不支持集合运算，示例代码如下。

```
>>> x={'a':1,'b':2}
>>> kx=x.keys()           #返回 x 的键视图
>>> y={'b':3,'c':4}
>>> ky=y.keys()           #返回 y 的键视图
>>> kx-ky                 #求差集
{'a'}
>>> kx|ky                 #求并集
{'a', 'b', 'c'}
>>> kx&ky                 #求交集
{'b'}
>>> kx^ky                 #求对称差集
{'a', 'c'}
```

4.5 迭代和列表解析

4.5.1 迭代

4.5.1 迭代

字符串、列表、元组和字典等对象均支持迭代操作，可使用迭代器遍历对象。

字符串、列表、元组和字典等对象没有自己的迭代器，可通过调用 iter()函数生成迭代器。对迭代器调用 next()函数即可遍历对象。next()函数依次返回可迭代对象的元素，无数据返回时，会产生 StopIteration 异常，示例代码如下。

```
>>> d=iter([1,2,3])                        #为列表生成迭代器
>>> next(d)                                #返回第 1 个数据
1
>>> next(d)                                #返回第 2 个数据
2
>>> next(d)                                #返回第 3 个数据
3
>>> next(d)                                #无数据返回，产生异常
Traceback (most recent call last):
  File "<stdin>", line 1, in <module>
StopIteration

>>> d=iter((1,2,(3,4)))                    #使用迭代器迭代元组
>>> next(d)
1
>>> next(d)
2
>>> next(d)
```

```
(3, 4)

>>> d=iter('abc')                               #使用迭代器迭代字符串
>>> next(d)
'a'
>>> next(d)
'b'
>>> next(d)
'c'

>>> d=iter({'name':'Jhon','age':25})            #使用迭代器迭代字典，字典只能迭代键
>>> next(d)
'name'
>>> next(d)
'age'
>>> d=iter({'name':'Jhon','age':25}.keys())     #迭代字典 keys()方法返回的对象
>>> next(d)
'age'
>>> next(d)
'name'
>>> d=iter({'name':'Jhon','age':25}.values())   #迭代字典 values()方法返回的对象
>>> next(d)
25
>>> next(d)
'Jhon'
>>> d=iter({'name':'Jhon','age':25}.items())    #迭代字典 items()方法返回的对象
>>> next(d)
('age', 25)
>>> next(d)
('name', 'Jhon')
```

文件对象支持迭代操作，示例代码如下。

```
>>> mf=open(r'D:\pytemp\code.txt') #打开文件
>>> mf.__next__()                               #读下一行
'one 第一行\n'
>>> mf.__next__()                               #读下一行
'two 第二行\n'
>>> mf.__next__()                               #读下一行
'three 第三行 xxx'
>>> mf.__next__()                               #读下一行，已无数据，出错
Traceback (most recent call last):
  File "<stdin>", line 1, in <module>
StopIteration
```

也可通过 next()函数来迭代文件对象，示例代码如下。

```
>>> mf=open(r'D:\pytemp\code.txt')
```

```
>>> next(mf)
'one 第一行\n'
>>> next(mf)
'two 第二行\n'
>>> next(mf)
'three 第三行 xxx'
>>> next(mf)
Traceback (most recent call last):
  File "<stdin>", line 1, in <module>
StopIteration
```

4.5.2 列表解析

列表解析与循环的概念紧密相关，先通过下面的例子了解如何使用 for 循环来修改列表。

4.5.2 列表解析

```
>>> t=[1,2,3,4]
>>> for x in range(4):
...     t[x]=t[x]+10
...
>>> t
[11, 12, 13, 14]
```

使用列表解析来代替上面例子的 for 循环。

```
>>> t=[1,2,3,4]
>>> t=[x+10 for x in t]
>>> t
[11, 12, 13, 14]
```

列表解析的基本结构如下。

```
表达式 for 变量 in 可迭代对象 if 表达式
```

1. 带条件的列表解析

可以在列表解析中使用 if 表达式设置筛选条件，示例代码如下。

```
>>> [x+10 for x in range(10) if x%2==0] #用 if 筛选偶数
[10, 12, 14, 16, 18]
```

2. 多重解析嵌套

列表解析支持嵌套，示例代码如下。

```
>>> [x+y for x in (10,20) for y in (1,2,3)]
[11, 12, 13, 21, 22, 23]
```

嵌套时，Python 对第 1 个 for 循环中的每个 x，执行嵌套 for 循环。可通过下面代码的嵌套 for 循环来生成上面的列表。

```
>>> a=[]
>>> for x in (10,20):
...     for y in (1,2,3):
```

```
...        a.append(x+y)
...
>>> a
[11, 12, 13, 21, 22, 23]
```

对嵌套的解析，也可以分别使用 if 表达式执行筛选，示例代码如下。

```
>>> [x+y for x in (10,20) if x>10 for y in (1,2,3) if y%2==1] #x 只取 20，y 取 1、3
[21, 23]
```

3. 列表解析用于生成元组

列表解析用于生成元组的示例代码如下。

```
>>> tuple(x*2 for x in range(5))
(0, 2, 4, 6, 8)
>>> tuple(x*2 for x in range(10) if x%2==1)
(2, 6, 10, 14, 18)
```

4. 列表解析用于生成集合

列表解析用于生成集合的示例代码如下。

```
>>> {x for x in range(10)}
{0, 1, 2, 3, 4, 5, 6, 7, 8, 9}
>>> {x for x in range(10) if x%2==1}
{1, 3, 5, 9, 7}
```

5. 列表解析用于生成字典

列表解析用于生成字典的示例代码如下。

```
>>> {x:ord(x) for x in 'abcd'}
{'d': 100, 'a': 97, 'b': 98, 'c': 99}
>>> {x:ord(x) for x in 'abcd' if ord(x)%2==0}
{'d': 100, 'b': 98}
```

6. 列表解析用于文件

列表解析用于文件时，每次从文件中读取一行数据，示例代码如下。

```
>>> [x for x in open(r'D:\pytemp\code.txt')]
['one 第一行\n', 'two 第二行\n', 'three 第三行']
>>> [x.strip() for x in open(r'D:\pytemp\code.txt')]
['one 第一行', 'two 第二行', 'three 第三行']
>>> [x.strip() for x in open(r'D:\pytemp\code.txt') if x[0]=='t']
['two 第二行', 'three 第三行']
```

7. 其他的列表解析应用

部分函数可以直接使用可迭代对象，示例代码如下。

```
>>> all([0,2,4,1,3,5])                    #所有对象都为真时返回 True
False
>>> any([0,2,4,1,3,5])                    #有一个对象为真时返回 True
True
```

```
>>> sum([0,2,4,1,3,5])                                #求和
15
>>> sorted([0,2,4,1,3,5])                             #排序
[0, 1, 2, 3, 4, 5]
>>> min([0,2,4,1,3,5])                                #求最小值
0
>>> max([0,2,4,1,3,5])                                #求最大值
5
>>> min(open(r'D:\pytemp\code.txt'))                  #返回文件中所有行中的最小值
'one 第一行\n'
>>> max(open(r'D:\pytemp\code.txt'))                  #返回文件中所有行中的最大值
'two 第二行\n'
>>> list(open(r'D:\pytemp\code.txt'))                 #将文件内容转换为列表
['one 第一行\n', 'two 第二行\n', 'three 第三行']
>>> set(open(r'D:\pytemp\code.txt'))                  #将文件内容转换为集合
{'one 第一行\n', 'two 第二行\n', 'three 第三行'}
>>> tuple(open(r'D:\pytemp\code.txt'))                #将文件内容转换为元组
('one 第一行\n', 'two 第二行\n', 'three 第三行')
>>> a,b,c=open(r'D:\pytemp\code.txt')                 #从文件中读 3 行数据并将其依次赋值给变量
>>> a,b,c
('one 第一行\n', 'two 第二行\n', 'three 第三行')
>>> a,*b=open(r'D:\pytemp\code.txt')                  #将第 1 行赋值给 a,剩余所有行作为列表赋值给 b
>>> a,b
('one 第一行\n', ['two 第二行\n', 'three 第三行'])
```

4.5.3 zip()、map()和 filter()

4.5.3 zip()、map()和 filter()

zip()、map()和 filter()函数生成的可迭代对象均包含迭代器，可使用 next()函数执行迭代操作。

1. zip()函数

zip()函数用于创建 zip 对象，其参数为多个可迭代对象。生成 zip 对象时，每次从可迭代对象中取一个值组成一个元组，直到可迭代对象中的值取完，生成的 zip 对象包含了一系列元组，示例代码如下。

```
>>> x=zip((1,2,3),(10,20,30))                 #用两个元组参数来生成 zip 对象
>>> x
<zip object at 0x00672508>
>>> next(x)                                   #返回 zip 对象中的下一个值
(1, 10)
>>> next(x)
(2, 20)
>>> next(x)
(3, 30)
```

```
>>> next(x)                              #已无对象，产生 StopIteration 异常
Traceback (most recent call last):
  File "<stdin>", line 1, in <module>
StopIteration

>>> x=zip('abc',(1,2,3))                 #使用一个字符串和一个元组作参数
>>> next(x)
('a', 1)
>>> next(x)
('b', 2)
>>> next(x)
('c', 3)

>>> x=zip((1,2),'ab',[5,6])              #使用多个可迭代对象作参数
>>> next(x)
(1, 'a', 5)
>>> next(x)
(2, 'b', 6)
```

2. map()函数

map()函数用于将函数映射到可迭代对象中，对可迭代对象中的每个元素应用该函数，函数返回值包含在生成的 map 对象中，示例代码如下。

```
>>> x=map(ord,'abc')                     #用 ord()函数返回各个字符的 ASCII 码，生成 map 对象
>>> x
<map object at 0x00D9A4B0>
>>> next(x)                              #返回 map 对象中的下一个值
97
>>> next(x)
98
>>> next(x)
99
>>> list(map(ord,'abc'))                 #用 map 对象生成列表
[97, 98, 99]
```

3. filter()函数

filter()函数与 map()函数类似，filter()函数用指定函数处理可迭代对象。若函数返回值为真，则对应的可迭代对象的元素包含在生成的 filter 对象中，示例代码如下。

```
>>> x=filter(bool,(1,-1,0,'ab','',(),[],{},(1,2),[1,2],{1,2},{'a':1}))#筛选出可转换为真的对象
>>> x
<filter object at 0x00D9A570>
>>> next(x)                              #返回 filter 对象中的下一个值
1
>>> list(x)                              #将迭代器转换为列表，不包含已迭代的值
[-1, 'ab', (1, 2), [1, 2], {1, 2}, {'a': 1}]
```

4.6 综合实例

本节实例为在 IDLE 中创建一个 Python 程序，输入 4 个数，用其创建列表和元组。将这 4 个数分别按从小到大和从大到小的顺序输出。

4.6 综合实例

具体操作步骤如下。

（1）在 Windows 开始菜单中选择“Python 3.5\IDLE”命令，启动 IDLE 交互环境。

（2）在 IDLE 交互环境中选择“File\New”命令，打开源代码编辑器。

（3）在源代码编辑器中输入下面的代码。

```
a=eval(input('请输入第 1 个数：'))
b=eval(input('请输入第 2 个数：'))
c=eval(input('请输入第 3 个数：'))
d=eval(input('请输入第 4 个数：'))
x=[]                                   #创建列表
x.append(a)                            #将数据加入列表
x.append(b)
x.append(c)
x.append(d)
print('列表：',x)
y=tuple(x)                             #创建元组
print('元组：',y)
x.sort()                               #列表排序
print('从小到大：',end=' ')
for v in x:                            #遍历列表
    print(v,end=' ')
x.reverse()                            #反转顺序
print('\n 从大到小：',end=' ')
for v in x:
    print(v,end=' ')
```

（4）按【Ctrl+S】组合键保存程序文件，将文件命名为 practice3.py。

（5）按【F5】键运行程序，IDLE 交互环境显示了运行结果，如图 4-1 所示。

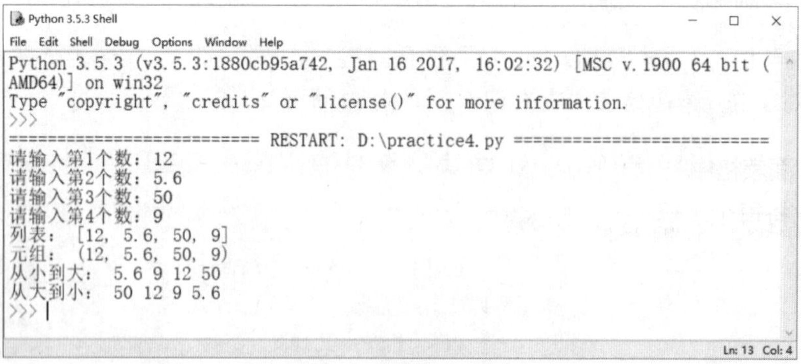

```
Python 3.5.3 Shell
File Edit Shell Debug Options Window Help
Python 3.5.3 (v3.5.3:1880cb95a742, Jan 16 2017, 16:02:32) [MSC v.1900 64 bit (
AMD64)] on win32
Type "copyright", "credits" or "license()" for more information.
>>>
========================= RESTART: D:\practice4.py =========================
请输入第1个数：12
请输入第2个数：5.6
请输入第3个数：50
请输入第4个数：9
列表： [12, 5.6, 50, 9]
元组： (12, 5.6, 50, 9)
从小到大： 5.6 9 12 50
从大到小： 50 12 9 5.6
>>>
Ln: 13 Col: 4
```

图 4-1 程序执行结果

小　结

本章主要介绍了 Python 的常用组合数据类型，包括集合、列表、元组和字典等。组合数据类型为数据提供了结构化的存储和处理方法。熟练掌握各种数据类型的操作，可以帮助读者提高编程效率。

习　题

一、单项选择题

1. 下列选项中不是集合的是（　　）。

A. {}　　B. {1}

C. {1,'abc'}　　D. {1,(2,3)}

2. 执行下面的语句后，列表 x 的长度的是（　　）。

```
x=[1,'a','b']
x.extend('abc')
```

A. 3　　B. 4

C. 5　　D. 6

3. 下列选项中，存在语法错误的是（　　）。

A. x={1:'a',2:'b'}　　B. x={'a':1,'b':2}

C. x={(1,2):'a',[3,4]:'b'}　　D. x={'a':(1,2),'b':(3,4)}

4. 下列类型的对象属于可变序列的是（　　）。

A. 字符串　　B. 列表

C. 集合　　D. 元组

5. 在表达式 a+b 中，变量 a 和 b 的类型不能是下列选项中的（　　）。

A. 字符串　　B. 列表

C. 集合　　D. 元组

二、编程题

1. 有两个集合，集合 A：{1,2,3,4,5}和集合 B：{4,5,6,7,8}，计算这两个集合的差集、并集和交集。从键盘输入一个数据，判断其是否在集合 A 或集合 B 中。

2. 输入 5 个数，将其分别按从小到大和从大到小的顺序输出。

3. 输入一个字符串和一个字符，计算字符在字符串中出现的次数。

4. 创建一个 20 以内的奇数列表，计算列表中所有数的和。

5. 将下面表格中的数据按成绩从高到低进行排序，输出排序结果。输出结果如图 4-2 所示。（提示，将每个学生的成绩作为一个字典对象存入列表，用列表 sort()方法完成自定义排序。）

姓名	成绩
吴忧	76
杨九莲	99
安芸芸	84
刘洋	70
兰成	89

```
排名    姓名    成绩
1       杨九莲  99
2       兰成    89
3       安芸芸  84
4       吴忧    76
5       刘洋    70
```

图 4-2　成绩排序输出

第5章 程序控制结构

通常，程序结构分为 3 种：顺序结构、分支结构和循环结构。程序中的语句按照先后顺序执行的称为顺序结构。分支结构则根据条件执行不同的代码。循环结构重复执行相同的代码。Python 用 if 语句实现分支结构，用 for 和 while 语句实现循环结构。

异常处理是一种用于处理程序错误的特殊控制结构，Python 使用 try…except…finally 结构实现异常处理。

知识要点

- 学会使用 if 语句
- 学会使用 for 语句
- 学会使用 while 语句
- 学会使用异常处理方法

5.1 程序的基本结构

5.1 程序的基本结构

程序的 3 种基本结构为：顺序结构、分支结构和循环结构。

顺序结构的程序按语句的先后顺序依次执行各条语句。通常，程序默认为顺序结构，Python 总是从程序的第一条语句开始，按顺序依次执行语句。例如，下面的程序就是典型的顺序结构。

```
#输入两个整数，用不同的转换方法
a=eval(input('请输入第 1 个整数：'))
b=int(input('请输入第 2 个整数：'))
#将 a 转换为浮点数输出
print('float(%s)=' % a,float(a))
print('格式化为浮点数：%e，%f' % (a,b))
#创建复数输出
print('complex(%s,%s)=' % (a,b),complex(a,b))
```

分支结构指程序根据条件执行不同的代码块。分支结构又可分为单分支结构、双分支结构和多分支结构，示例代码如下。

```
if x>0:
  print('%s 是正数' % x)          #条件 x>0 成立时执行该语句
```

```
else:
  print('%s 小于等于 0' % x)      #条件 x>0 不成立时执行该语句
```

循环结构指程序根据条件重复执行同一个代码块，示例代码如下。

```
for x in range(5):               #x 依次取 0、1、2、3、4
  print(x)                       #重复执行该语句 5 次
```

5.2 分支结构

Python 使用 if 语句实现程序的分支结构，包括单分支结构、双分支结构和多分支结构。

5.2.1 单分支结构

单分支 if 语句的基本结构如下。

```
if 条件表达式:
   语句块
```

当条件表达式的计算结果为 True 时，执行语句块中的代码；否则，不执行语句块中的代码。单分支 if 语句的执行流程如图 5-1 所示，示例代码如下。

```
>>> x=5
>>> if x>0 :
...     print(x,'是正数')
...
5 是正数
```

5.2.1 单分支结构

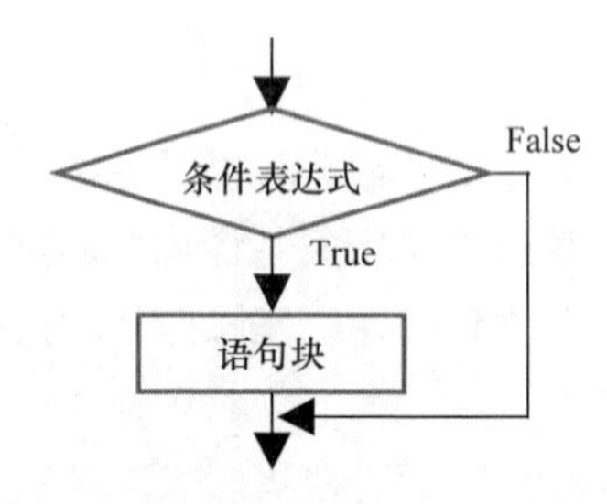

图 5-1 单分支 if 语句执行流程

5.2.2 双分支结构

双分支 if 语句的基本结构如下。

5.2.2 双分支结构

```
if 条件表达式:
   语句块 1
else:
   语句块 2
```

当条件表达式的计算结果为 True 时，执行语句块 1 中的代码；否则，执行语句块 2 中的代码。双分支 if 语句的执行流程如图 5-2 所示。

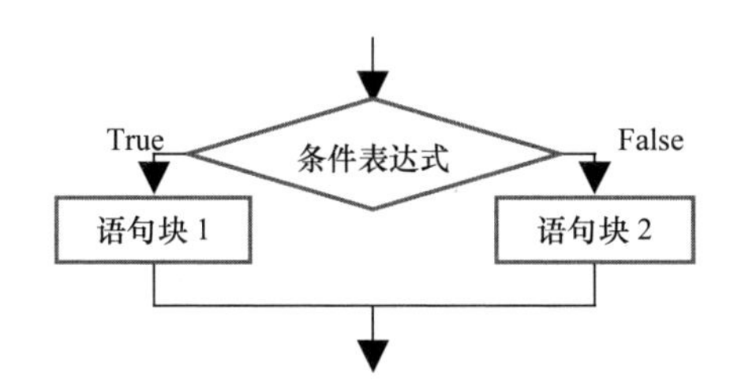

图 5-2　双分支 if 语句执行流程

示例代码如下。

```
>>> x=-5
>>> if x>0 :
...     print(x,'是正数')
... else:
...     print(x,'不是正数')
...
-5 不是正数
```

5.2.3　多分支结构

多分支 if 语句的基本结构如下。

```
if 条件表达式 1:
   语句块 1
elif 条件表达式 2:
   语句块 2
……
elif 条件表达式 n:
   语句块 n
else:
   语句块 n+1
```

else 部分可以省略。多分支 if 语句执行时，按先后顺序依次计算各个条件表达式，若条件表达式的计算结果为 True，则执行相应的语句块，否则计算下一个条件表达式。若所有条件表达式的计算结果均为 False，则执行 else 部分的语句块（如果 else 部分的语句块存在）。

多分支 if 语句的执行流程如图 5-3 所示。

示例代码如下。

```
>>> x=85
>>> if x<60:
...     print('不及格')
... elif x<70:
...      print('及格')
... elif x<90:
```

```
...     print('中等')
... else:
...     print('优秀')
...
中等
```

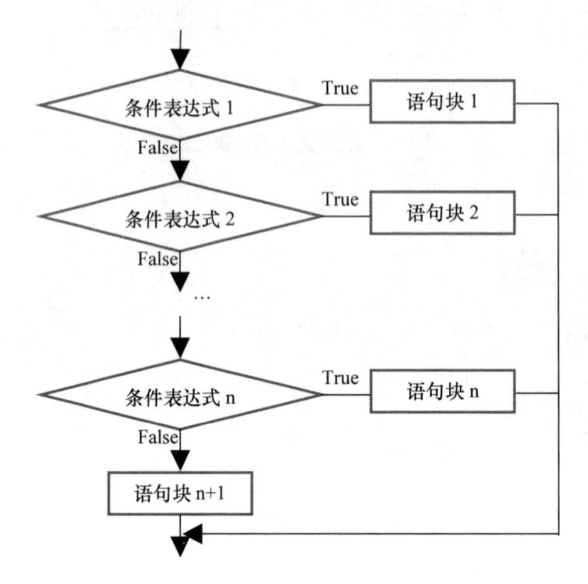

图 5-3　多分支 if 语句执行流程

5.2.4　if…else 三元表达式

if…else 三元表达式是简化版的 if…else 语句，其基本格式如下。

```
表达式 1 if 条件表达式 else 表达式 2
```

当条件表达式的计算结果为 True 时，将表达式 1 的值作为三元表达式的结果；否则，将表达式 2 的值作为三元表达式的结果，示例代码如下。

5.2.4　if…else 三元表达式

```
>>> a=2
>>> b=3
>>> x=a if a<b else b      #a<b 结果为 True，将 a 的值 2 赋值给 x
>>> x
2
>>> x=a if a>b else b      #a>b 结果为 False，将 b 的值 3 赋值给 x
>>> x
3
```

Python 还支持列表三元表达式，其基本格式如下。

```
[ 表达式 1 ，表达式 2 ] [条件表达式]
```

当条件表达式的计算结果为 False 时，将表达式 1 的值作为三元表达式的值；否则，将表达式 2 的值作为三元表达式的值，示例代码如下。

```
>>> x=5
>>> y=10
>>> [x,y][x<y]                  #x<y 结果为 True，返回 y 的值
10
>>> [x,y][x>y]                  #x>y 结果为 False，返回 x 的值
5
```

5.3 循环结构

Python 使用 for 语句和 while 语句实现循环结构。

5.3.1 遍历循环：for

5.3.1 遍历循环：for

1. for 语句循环的基本结构

for 语句实现遍历循环，其基本格式如下。

```
for var in object :
    循环体
else:
    语句块 2
```

else 部分可以省略。object 是一个可迭代对象。for 语句执行时，依次将 object 中的数据赋值给变量 var——该操作称为迭代。var 每赋值一次，则执行一次循环体。循环执行结束时，如果有 else 部分，则执行对应的语句块。else 部分只在正常结束循环时执行。如果用 break 跳出循环，则不会执行 else 部分。

在 for 语句中，用 n 表示 object 中数据的位置索引，for 语句循环的执行流程如图 5-4 所示。

示例代码如下。

```
>>> for x in (1,2,3,(4,5)):    #用 x 迭代元组中的对象，其中包含了一个嵌套的子元组
...     print(x)
...
1
2
3
(4, 5)
>>> for x in 'book':            #用 x 迭代字符串中的每个字符
...     print(x)
...
b
o
o
k
>>> for x in (1,2,3):
...     print(x*2)
... else:                       #else 部分在循环正常结束时执行
...     print('loop over')
```

```
...
2
4
6
loop over
```

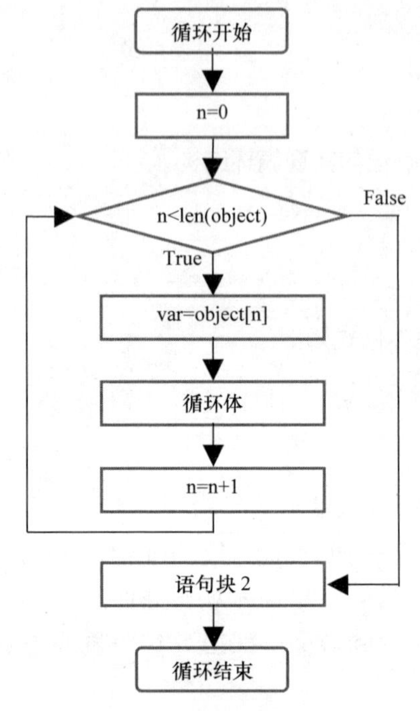

图 5-4　for 语句循环执行流程

2. 使用 range()函数

可以使用 range()函数来生成包含连续多个整数的 range 对象，其基本格式如下。

```
range(end)
range(start,end[,step])
```

只指定一个参数 end 时，生成的整数范围为 0~end-1。指定两个参数（start 和 end）时，生成的整数范围为 start~end-1。整数之间的差值为 step，step 默认为 1。

示例代码如下。

```
>>> for x in range(3):
...     print(x)
...
0
1
2
>>> for x in range(-2,2):
...     print(x)
...
-2
```

```
-1
0
1
>>> for x in range(-2,2,2):
...     print(x)
...
-2
0
```

3. 多变量迭代

可在 for 循环中用多个变量来迭代序列对象，示例代码如下。

```
>>> for (a,b) in ((1,2),(3,4),(5,6)):    #等价于 for a,b in ((1,2),(3,4),(5,6)):
...     print(a,b)
...
1 2
3 4
5 6
```

与赋值语句类似，可以用“*”表示为变量赋值一个列表，示例代码如下。

```
>>> for (a,*b) in ((1,2,'abc'),(3,4,5)):
...     print(a,b)
...
1 [2, 'abc']
3 [4, 5]
```

4. 嵌套的 for 循环

Python 允许嵌套使用 for 循环，即在 for 循环内部使用 for 循环。例如，下面的代码输出 100 以内的素数——即除了 1 和它本身之外不能被其他数整除的数。

```
print(1,2,3,end=" ")            #1、2、3 是素数，直接输出，end=" "使后续输出不换行
for x in range(4,100):
    for n in range(2,x):
        if x%n==0:              #若余数为 0，说明 x 不是素数，结束当前 for 循环
            break
    else:
        print(x,end=' ')        #正常结束 for 循环，说明 x 是素数，输出
else:
print('over')
```

程序运行输出结果如下。

```
1 2 3 5 7 11 13 17 19 23 29 31 37 41 43 47 53 59 61 67 71 73 79 83 89 97 over
```

5.3.2 无限循环：while

5.3.2 无限循环：while

1. while 语句循环的基本结构

while 语句实现无限循环，其基本结构如下。

```
while 条件表达式:
   循环体
else:
   语句块 2
```

其中，else 部分语句可以省略。while 语句循环的执行流程如图 5-5 所示。如果条件表达式的计算结果始终为 True，则构造无限循环——也称“死循环”。

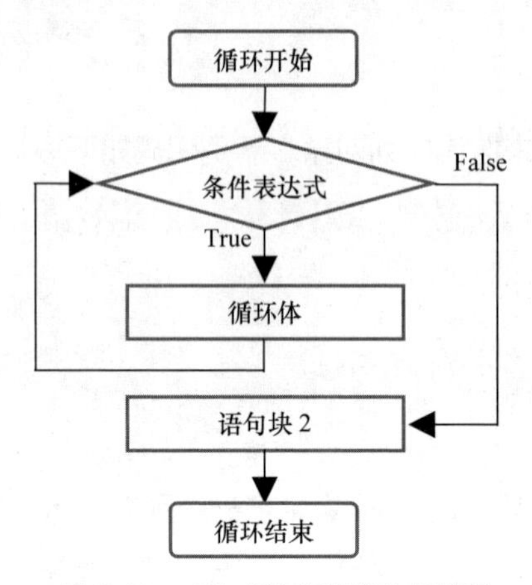

图 5-5　while 语句循环的执行流程

例如，下面的代码计算 1+2+…+100。

```
s=0
n=1
while n<=100:
    s=s+n
    n=n+1
print('1+2+...+100=',s)
```

程序运行的输出结果如下。

```
1+2+...+100= 5050
```

例如，下面的代码使用 while 循环来输出 100 以内的素数。

```
x=1
while x<100:
    n=2
    while n<x-1:
        if x%n==0:break          #若余数为 0，说明 x 不是素数，结束当前循环
        n+=1
    else:
         print(x,end=' ')        #正常结束循环，说明 x 没有被[2,x-1]范围内的数整除，是素数，输出
    x+=1
else:
print('over')
```

程序运行输出结果如下。

```
1 2 3 5 7 11 13 17 19 23 29 31 37 41 43 47 53 59 61 67 71 73 79 83 89 97 over
```

2. 嵌套使用 while 循环

Python 允许在 while 循环的内部使用 while 循环。例如，下面的代码输出九九乘法表。

```
a=1
while a<10:
    b=1
    while b<=a:
        print('%d*%d=%2d ' % (a,b,a*b),end=' ')
        b+=1
    print()
    a+=1
```

程序运行输出结果如下。

```
1*1= 1
2*1= 2  2*2= 4
3*1= 3  3*2= 6  3*3= 9
4*1= 4  4*2= 8  4*3=12  4*4=16
5*1= 5  5*2=10  5*3=15  5*4=20  5*5=25
6*1= 6  6*2=12  6*3=18  6*4=24  6*5=30  6*6=36
7*1= 7  7*2=14  7*3=21  7*4=28  7*5=35  7*6=42  7*7=49
8*1= 8  8*2=16  8*3=24  8*4=32  8*5=40  8*6=48  8*7=56  8*8=64
9*1= 9  9*2=18  9*3=27  9*4=36  9*5=45  9*6=54  9*7=63  9*8=72  9*9=81
```

5.3.3 循环控制：break 和 continue

5.3.3 循环控制：break 和 continue

在 for 循环和 while 循环中可以使用 break 和 continue 语句。break 语句用于跳出当前循环，即提前结束循环（包括跳过 else）。continue 则用于跳过循环体剩余语句，回到循环开头开始下一次循环。

例如，下面的代码用 for 循环找出 100～999 范围内的前 10 个回文数字（即 3 位数中个位和百位相同的数字）。

```
a=[]
n=0
for x in range(100,999):
    s=str(x)
    if s[0]!=s[-1]:
        continue          #如果 x 不是回文数字，回到循环开头，x 取下一个值开始循环
    a.append(x)           #x 是回文数字，将其加入列表
    n+=1                  #累计获得的回文数字个数
    if n==10:break        #找出 10 个回文数字时，跳出 for 循环
print(a)                  #break 跳出时，跳转到该处执行
```

程序运行的输出结果如下。

```
[101, 111, 121, 131, 141, 151, 161, 171, 181, 191]
```

将上面代码中的 for 循环改为 while 循环，可以实现相同的功能，代码如下。

```
a=[]
n=0
x=100
while x<999:
    s=str(x)
    if s[0]!=s[-1]:
        x=x+1
        continue           #x 如果不是回文数字，回到循环开头，x 取下一个值开始循环
    a.append(x)            #x 是回文数字，将其加入列表
    n+=1                   #累计获得的回文数字个数
    x=x+1
    if n==10:break         #找出 10 个回文数字时，跳出 while 循环
print(a)                   #break 跳出时，跳转到该处执行
```

5.4 异常处理

异常指程序在运行过程中发生的错误，异常会导致程序意外终止。异常处理可捕捉程序中发生的异常，执行相应的处理代码，避免程序意外终止。程序中的语法错误不属于异常。

5.4.1 异常处理基本结构

异常处理的基本结构如下。

```
try:
   可能引发异常的代码
except 异常类型名称:
   异常处理代码
else:
   没有发生异常时执行的代码
finally:
   不管是否发生异常，都会执行的代码
```

5.4.1 异常处理基本结构

在处理异常时，将可能引发异常的代码放在 try 语句块中。在 except 语句中指明捕捉的异常类型名称，except 语句块中为异常处理代码。else 语句块中为没有发生异常时执行的代码，else 语句块可以省略。程序运行时，如果 try 语句块中的代码发生了指定异常，则执行 except 语句块。finally 部分的代码不管是否发生异常都会执行，可以省略 finally 语句块。

首先，考察下面的代码。

```
while True:
    n=eval(input('请输入一个正整数：'))
    if n==-1:
        break                       #输入为-1 时结束程序
    if n<0:
```

```
        continue
    #计算 n 的阶乘
    s=1
    for x in range(2,n+1):      #当 n 不是整数时，会发生 TypeError 异常
        s*=x
    print('%s!=' % n,s)
```

程序运行时输入一个正整数，输出该数的阶乘。输入-1 时程序结束，输入其他负数时会提示重新输入。程序正常运行结果如图 5-6 所示。

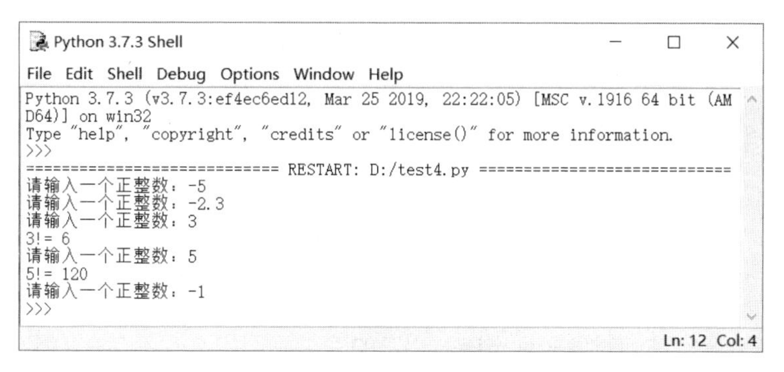

图 5-6　程序正常运行结果

输入正小数时，因为 range()函数只接受整数，所以会发生 TypeError 异常，如图 5-7 所示。

```
Python 3.7.3 Shell
File Edit Shell Debug Options Window Help
Python 3.7.3 (v3.7.3:ef4ec6ed12, Mar 25 2019, 22:22:05) [MSC v.1916 64 bit (AMD64)] on win32
Type "help", "copyright", "credits" or "license()" for more information.
>>>
============================ RESTART: D:/test4.py ============================
请输入一个正整数: 2.5
Traceback (most recent call last):
  File "D:/test4.py", line 9, in <module>
    for x in range(2,n+1):  #当n不是整数时，会发生TypeError异常
TypeError: 'float' object cannot be interpreted as an integer
>>> |
Ln: 10 Col: 4
```

图 5-7　程序运行发生异常

为避免程序在发生异常时意外终止，修改程序，捕捉 TypeError 异常，代码如下。

```
while True:
    try:
        n=eval(input('请输入一个正整数：'))
        if n==-1:
            break                           #输入为-1 时结束程序
        if n<0:
            continue
        #计算 n 的阶乘
        s=1
        for x in range(2,n+1):              #当 n 不是整数时，会发生 TypeError 异常
            s*=x
```

```
    print('%s!=' % n,s)
except TypeError:                          #异常处理
    print('输入数据错误，必须是正整数！')
```

修改代码后运行程序，当输入正小数时，程序会执行异常处理，输出提示信息，程序运行结果如图 5-8 所示。

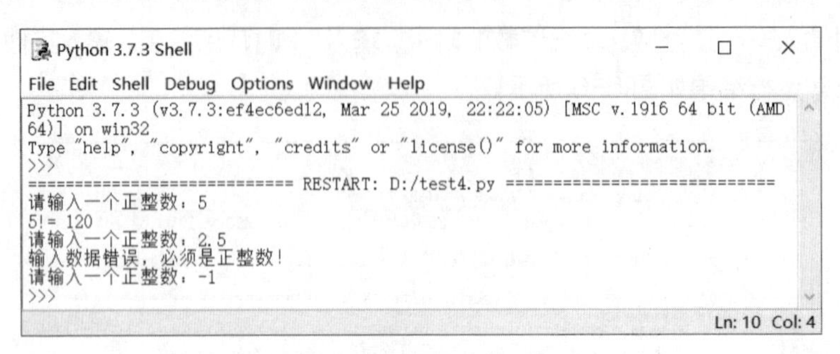

图 5-8　异常处理保证程序正常运行

Python 内置的常见异常类型如下。

- AttributeError：访问对象属性出错时引发的异常，例如访问不存在的属性或属性不支持赋值等。
- EOFError：使用 input()函数读文件，遇到文件结束标志 EOF 时发生的异常。文件对象的 read()和 readline()方法遇到 EOF 时会返回空字符串，不会引发异常。
- ImportError：导入模块出错引发的异常。
- IndexError：使用的序列对象的位置索引超出范围时引发的异常。
- StopIteration：迭代器没有可执行迭代的迭代元素引发的异常。
- IndentationError：使用了不正确的缩进引发的异常。
- TabError：同时使用 Tab 键和空格导致缩进不一致引发的异常。
- TypeError：在运算或函数调用时，使用了不兼容的类型引发的异常。
- ZeroDivisionError：除数为 0 时引发的异常。

5.4.2　捕捉多个异常

5.4.2　捕捉多个异常

在异常处理结构中，可以使用多个 except 语句捕捉可能出现的多种异常，示例代码如下。

```
>>> x=[1,2]
>>> try:
...     x[0]/0
... except ZeroDivisionError:
...     print('除 0 错误')
... except IndexError:
...     print('位置索引超出范围')
... else:
...     print('没有错误')
```

```
...
除 0 错误
```

将代码中的 x[0]改为 x[2]，则会发生 IndexError 异常，示例代码如下。

```
>>> try:
...     x[2]/2
... except ZeroDivisionError:
...     print('除 0 错误')
... except IndexError:
...     print('位置索引超出范围')
... else:
...     print('没有错误')
...
位置索引超出范围
```

5.4.3 except…as

5.4.3 except…as

可以在 except 语句中同时指定多种异常，以便使用相同的异常处理代码进行统一处理。在 except 语句中可以使用 as 为异常类创建一个实例对象，示例代码如下。

```
>>> x=[1,2]
>>> try:
...     x[0]/0                                              #此处引发除 0 异常
... except (ZeroDivisionError,IndexError) as exp:           #处理多种异常
...     print('出错了：')
...     print('异常类型：',exp.__class__.__name__)           #输出异常类名称
...     print('异常信息：',exp)                              #输出异常信息
...
出错了：
异常类型： ZeroDivisionError
异常信息：division by zero
>>> try:
...     x[2]/2                                              #此处引发下标超出范围异常
... except (ZeroDivisionError,IndexError) as exp:           #处理多种异常，用 as 创建异常类实例变量
...     print('出错了：')
...     print('异常类型：',exp.__class__.__name__)           #输出异常类名称
...     print('异常信息:',exp)                               #输出异常信息
...
出错了：
异常类型： IndexError
异常信息：list index out of range
```

代码中的“except (ZeroDivisionError,IndexError) as exp:”语句捕捉除 0 和位置索引越界两种异常，发生异常时，变量 exp 引用异常的实例对象。通过异常的实例对象，可获得异常的类名和异常信息等数据。

5.4.4 捕捉所有异常

在捕捉异常时，如果 except 语句省略了异常类型，则无论发生何种类型的异常，均会执行 except 语句块中的异常处理代码，示例代码如下。

```
>>> try:
...     2/0                         #引发除 0 异常
... except:
...     print('出错了')
...
出错了

>>> x=[1,2,3]
>>> try:
...     print(x[3])                 #引发位置索引越界异常
... except:
...     print('出错了')
...
出错了
```

5.4.4 捕捉所有异常

采用这种方式的好处是可以捕捉所有类型的异常，还可结合 sys.exc_info() 方法获得详细的异常信息。

sys.exc_info()方法返回一个三元组“(type,value,traceobj)”。其中，type 为异常类的类型，可用__name__属性获得异常类的名称。value 为异常类的实例对象，直接将其输出可获得异常描述信息。traceobj 是一个堆栈跟踪对象（traceback 类的实例对象），使用 traceback 模块的 print_tb()方法可获得堆栈跟踪信息，示例代码如下。

```
>>> x=[1,2,3]
>>> try:
...     print(x[3])
... except:
...     import sys
...     x=sys.exc_info()
...     print('异常类型: %s' % x[0].__name__)
...     print('异常描述: %s' % x[1])
...     print('堆栈跟踪信息:')
...     import traceback
...     traceback.print_tb(x[2])
...
异常类型: IndexError
异常描述: list index out of range
堆栈跟踪信息:
  File "<stdin>", line 2, in <module>
```

5.4.5 异常处理结构的嵌套

5.4.5 异常处理结构的嵌套

Python 允许在异常处理结构的内部嵌套另一个异常处理结构。在发生异常时，没有被内部捕捉处理的异常可以被外层结构捕捉，示例代码如下。

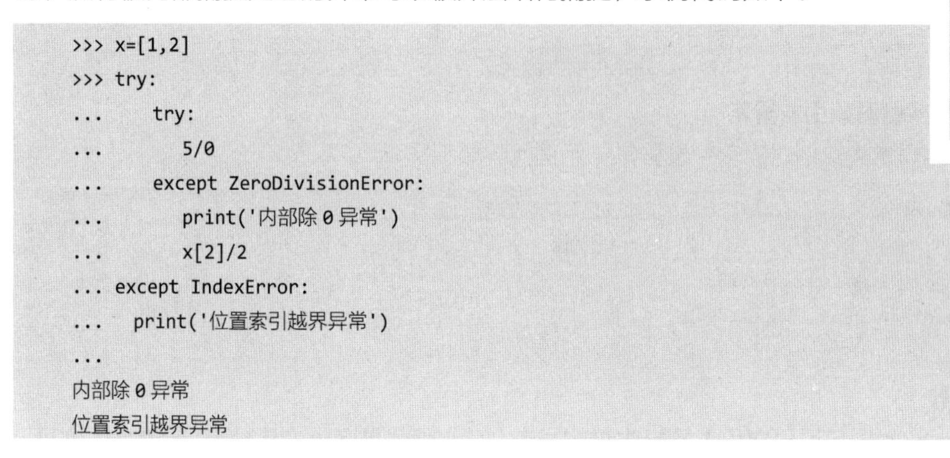

```
>>> x=[1,2]
>>> try:
...     try:
...         5/0
...     except ZeroDivisionError:
...         print('内部除 0 异常')
...         x[2]/2
... except IndexError:
...     print('位置索引越界异常')
...
内部除 0 异常
位置索引越界异常
```

5.4.6 try…finally 终止行为

5.4.6 try…finally 终止行为

在异常处理结构中，可以使用 finally 语句定义终止行为。无论 try 语句块中是否发生异常，finally 语句块中的代码都会执行，示例代码如下。

```
try:
    print(5/0)                          #发生除 0 异常
except:
    print('出错了！')                    #发生异常后执行该语句
finally:
    print('finally 部分已执行！')         #无论是否发生异常，都会执行该语句
print('over')                           #异常处理结构的后续代码
```

程序运行结果如下。

```
出错了！
finally 部分已执行！
over
```

可以看到，发生异常后，程序执行异常处理代码，随后 finally 语句块被执行，然后执行后续的代码，输出“over”。

5.4.7 raise 语句

5.4.7 raise 语句

raise 语句的基本格式如下。

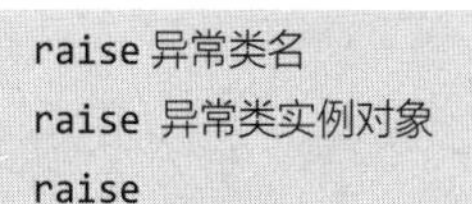

```
raise 异常类名                          #创建异常类的实例对象，并引发异常
raise 异常类实例对象                     #引发异常类实例对象对应的异常
raise                                   #重新引发刚发生的异常
```

Python 执行 raise 语句时，会引发异常并传递异常类的实例对象。

1. 用类名引发异常

在 raise 语句中指定异常类名时，会创建该类的实例对象，然后引发异常，示例代码如下。

```
>>> raise IndexError                          #引发异常
Traceback (most recent call last):
  File "<stdin>", line 1, in <module>
IndexError
```

2. 用异常类实例对象引发异常

可以直接使用异常类实例对象来引发异常，示例代码如下。

```
>>> x=IndexError()                            #创建异常类的实例对象
>>> raise x                                   #引发异常
Traceback (most recent call last):
  File "<stdin>", line 1, in <module>
IndexError
```

3. 传递异常

不带参数的 raise 语句可再次引发刚发生过的异常，其作用就是向外传递异常，示例代码如下。

```
>>> try:
...     raise IndexError                      #引发 IndexError 异常
... except:
...     print('出错了')
...     raise                                 #再次引发 IndexError 异常
...
出错了
Traceback (most recent call last):
  File "<stdin>", line 2, in <module>
IndexError
```

4. 指定异常信息

在使用 raise 语句引发异常时，可以为异常类指定描述信息，示例代码如下。

```
>>> raise IndexError('位置索引超出范围')
Traceback (most recent call last):
  File "<stdin>", line 1, in <module>
IndexError: 位置索引超出范围

>>> raise TypeError('使用了不兼容类型的数据')
Traceback (most recent call last):
  File "<stdin>", line 1, in <module>
TypeError: 使用了不兼容类型的数据
```

5.4.8 异常链：
异常引发异常

5.4.8 异常链：异常引发异常

可以通过 raise…from…语句，使用异常来引发另一个异常，示例代码如下。

```
>>> try:
```

```
...     5/0                                    #引发除0异常
... except Exception as x:
...     raise IndexError('下标越界') from x       #引发另一个异常
...
Traceback (most recent call last):
  File "<stdin>", line 2, in <module>
ZeroDivisionError: division by zero

The above exception was the direct cause of the following exception:

Traceback (most recent call last):
  File "<stdin>", line 4, in <module>
IndexError: 下标越界
```

5.4.9 assert 语句

5.4.9 assert 语句

assert 语句的基本格式如下。

```
assert 条件表达式,data
```

assert 语句在条件表达式的值为 False 时，引发 AssertionError 异常，data 为异常描述信息，示例代码如下。

```
>>> x=0
>>> assert x!=0,'变量x的值不能为0'
Traceback (most recent call last):
  File "<stdin>", line 1, in <module>
AssertionError: 变量x的值不能为0
```

下面的代码用 try 语句捕捉 assert 语句引发的 AssertionError 异常。

```
>>> try:
...     import math
...     x=-5
...     assert x>=0 ,'参数x必须是非负数'
... except Exception as ex:
...     print('异常类型: ',ex.__class__.__name__)
...     print('异常信息: ',ex)
...
异常类型:  AssertionError
异常信息: 参数x必须是非负数
```

5.5 综合实例

5.5 综合实例

本节实例在 IDLE 创建一个 Python 程序，输出数字金字塔，如图 5-9 所示。

```
========================== RESTART: D:/practice4.py ==========================
              1
             212
            32123
           4321234
          543212345
         65432123456
        7654321234567
       876543212345678
      98765432123456789
>>>
```

图 5-9　输出数字金字塔

具体操作步骤如下。

（1）在 Windows 开始菜单中选择“Python 3.5\IDLE”命令，启动 IDLE 交互环境。

（2）在 IDLE 交互环境中选择“File\New”命令，打开源代码编辑器。

（3）在源代码编辑器中输入下面的代码。

```
##输出数字金字塔
for x in range(1,10):
    print(' '*(15-x),end='')        #输出每行前的空格，以便对齐
    n=x
    while n>=1:                     #输出每行前半部分数据
        print(n,sep='',end='')
        n-=1
    n+=2
    while n<=x:                     #输出每行的剩余数据
        print(n,sep='',end='')
        n+=1
    print()                         #换行
```

（4）按【Ctrl+S】组合键保存程序文件，将文件命名为 practice5.py。

（5）按【F5】键运行程序，IDLE 交互环境显示了运行结果，如图 5-9 所示。

小　结

本章详细讲解了 Python 程序流程控制结构：if 分支结构、for 循环结构和 while 循环结构。if、for 和 while 语句的语法简单，但通过组合或者嵌套，可实现各种从简单到复杂的程序逻辑结构。

异常处理是一种特殊的程序控制结构。当程序运行发生异常时，如果程序捕捉了该异常，程序会跳转到异常处理代码部分执行。如果没有捕捉到程序运行时异常，程序会意外终止。

习　题

一、单项选择题

1. 下面的语句中，不能用于实现程序基本结构的是（　　）。

A. if　　B. for　　C. while　　D. try

2. 执行下面的语句后，输出结果是（　　）。

```
x=3
b=[1,-1][x>5]
a=1 if x>5 else b

print(a)
```

A. −1　　B. 1　　C. 3　　D. 5

3. 执行下面的语句后，输出结果是（　　）。

```
s=0
for a in range(1,5):
    for b in range(1,a):
        s+=1
print(s)
```

A. 0　　B. 1　　C. 5　　D. 6

4. 执行下面的语句后，输出结果是（　　）。

```
x=1
y=1
while y<=5:
    x=x*y
    y=y+2
print(x)
```

A. 1　　B. 10　　C. 15　　D. 20

5. 下列关于异常处理的说法错误的是（　　）。

A. 异常在程序运行时发生

B. 程序中的语法错误不属于异常

C. 异常处理结构中的 else 部分的语句始终会执行

D. 异常处理结构中的 finally 部分的语句始终会执行

二、编程题

1. 输入一个 4 位的整数，判断其是否为闰年。（能被 4 整除，但不能被 100 整除，或者能被 400 整除的年份为闰年。）

2. 从键盘任意输入一个正整数 n，并找出大于 n 的最小素数。

3. 编写程序打印图 5-10 所示的字符金字塔。

```
        A
       BAB
      CBABC
     DCBABCD
    EDCBABCDE
   FEDCBABCDEF
  GFEDCBABCDEFG
 HGFEDCBABCDEFGH
IHGFEDCBABCDEFGHI
```

图 5-10　字符金字塔

4. 编写程序输出 50 以内的勾股数，如图 5-11 所示。要求每行显示 6 组，各组勾股数无重复。

```
 3, 4, 5       5,12,13      6, 8,10      7,24,25      8,15,17      9,12,15
 9,40,41      10,24,26     12,16,20     12,35,37     15,20,25     15,36,39
16,30,34      18,24,30     20,21,29     21,28,35     24,32,40     27,36,45
```

图 5-11　50 以内的勾股数

5. 计算“鸡兔同笼”问题。假设笼内鸡和兔的脚总数为 80，编写一个程序计算鸡和兔分别有多少只。

第 6 章 函数与模块

函数是完成特定任务的语句集合，调用函数会执行其包含的语句。函数的返回值通常是函数的计算结果，调用函数时使用的参数不同，可获得不同的返回值。Python 利用函数实现代码复用。模块是程序代码和数据的封装，也是 Python 实现代码复用的方法之一。可在程序文件中导入模块中定义的变量、函数或类并加以使用。

知识要点

- 掌握函数的定义和使用方法
- 理解变量的作用域
- 掌握模块的使用方法
- 掌握模块包的使用方法

6.1 函数

在实现大型项目时，往往会将需要重复使用的代码提取出来，将其定义为函数。从而简化编程工作量，也使程序结构简化。

6.1.1 定义函数

6.1.1 定义函数

def 语句用于定义函数，其基本格式如下。

```
def 函数名(参数表):
    函数语句
    return 返回值
```

其中，参数和返回值都可省略，示例代码如下。

```
>>> def hello():                    #定义函数
...     print('Python 你好')
...
>>> hello()                         #调用函数
Python 你好
```

hello()函数没有参数和返回值，它调用 print()函数输出一个字符串。

为函数指定参数时，参数之间用逗号分隔。下面的例子为函数定义两个参数，并返回两个参数的和。

```
>>> def add(a,b):                    #定义函数
...     return a+b
...
>>> add(1,2)                         #调用函数
3
```

6.1.2 调用函数

调用函数的基本格式如下。

```
函数名(参数表)
```

6.1.2 调用函数

在 Python 中，所有的语句都是解释执行的，不存在如 C/C++中的编译过程。def 也是一条可执行语句，它完成函数的定义。所以 Python 中函数的调用必须出现在函数的定义之后。

在 Python 中，函数也是对象（function 对象）。def 语句在执行时会创建一个函数对象。函数名是一个变量，它引用 def 语句创建的函数对象。可将函数名赋值给变量，使变量引用该函数，示例代码如下。

```
>>> def add(a,b):                    #定义函数
...     return a+b
...
>>> add                              #直接用函数名，可返回函数对象的内存地址
<function add at 0x00D41078>
>>> add(10,20)                       #调用函数
30
>>> x=add                            #将函数名赋值给变量
>>> x(1,2)                           #通过变量调用函数
3
```

6.1.3 函数的参数

函数定义的参数表中的参数称为形式参数，简称形参。调用函数时，参数表中提供的参数称为实际参数，简称实参。实参可以是常量、表达式或变量。实参是常量或表达式时，直接将常量或表达式的计算结果传递给形参。在 Python 中，变量保存的是对对象的引用，实参为变量时，参数传递会将实参对对象的引用赋值给形参。

6.1.3 函数的参数

1. 参数的多态性

多态是面向对象的特点之一，指不同对象执行同一个行为可能会得到不同的结果。同一个函数传递的实参类型不同时，可获得不同的结果，从而体现了多态性。示例代码如下。

```
>>> def add(a,b):
...     return a+b                   #两个参数执行加法运算
...
>>> add(1,2)                         #执行数字加法
```

```
3
>>> add('abc','def')                #执行字符串连接
'abcdef'
>>> add((1,2),(3,4))                #执行元组合并
(1, 2, 3, 4)
>>> add([1,2],[3,4])                #执行列表合并
[1, 2, 3, 4]
```

2. 参数赋值传递

通常，调用函数时会按参数的先后顺序，依次将实参传递给形参。例如，调用 add(1,2)时，1 传递给 a，2 传递给 b。

Python 允许以形参赋值的方式，将实参传递给指定形参，示例代码如下。

```
>>> def add(a,b):
...     return a+b
...
>>> add(a='ab',b='cd')              #通过赋值来传递参数
'abcd'
>>> add(b='ab',a='cd')              #通过赋值来传递参数
'cdab'
```

采用参数赋值传递时，因为指明了形参名称，所以参数的先后顺序已无关紧要。参数赋值传递的方式称为关键字参数传递。

3. 参数传递与共享引用

考察下面的代码:

```
>>> def f(x):
...      x=100
...
>>> a=10
>>> f(a)
>>> a
10
```

从结果可以看出，将实参 a 传递给形参 x 后，在函数中重新赋值 x，并不会影响实参 a。这是因为 Python 中的赋值是建立变量到对象的引用。重新赋值形参时，形参引用了新的对象。

4. 传递可变对象的引用

当实参引用的是可变对象时，如列表、字典等，若在函数中修改形参，通过共享引用，实参也获得修改后的对象，示例代码如下。

```
>>> def f(a):
...      a[0]='abc'                 #修改列表的第一个值
...
>>> x=[1,2]
>>> f(x)                            #调用函数，传递列表对象的引用
>>> x                               #变量 x 引用的列表对象在函数中被修改
['abc', 2]
```

如果不希望函数中的修改影响函数外的数据，应注意避免传递可变对象的引用。

如果要避免列表在函数中被修改，可使用列表的复本作为实参，示例代码如下。

```
>>> def f(a):
...     a[0]='abc'          #修改列表第一个值
...
>>> x=[1,2]
>>> f(x[:])                 #传递列表的复本
>>> x                       #结果显示原列表不变
[1, 2]
```

还可以在函数中对列表进行复制，调用函数时实参使用引用列表的变量，示例代码如下。

```
>>> def f(a):
...     a=a[:]              #复制列表
...     a[0]='abc'          #修改列表的复本
...
>>> x=[1,2]
>>> f(x)                    #调用函数
>>> x                       #结果显示原列表不变
[1, 2]
```

5. 有默认值的可选参数

在定义函数时，可以为参数设置默认值。调用函数时如果未提供实参，则形参取默认值，示例代码如下。

```
>>> def add(a,b=-100):      #参数 b 的默认值为-100
...     return a+b
...
>>> add(1,2)                #传递指定参数
3
>>> add(1)                  #形参 b 取默认值
-99
```

应注意，带默认值的参数为可选参数，在定义函数时，应放在参数表的末尾。

6. 接受任意个数的参数

在定义函数时，如果在参数名前面使用星号“*”，从而表示形参是一个元组，可接受任意个数的参数。调用函数时，可以不为带星号的形参提供数据，示例代码如下。

```
>>> def add(a,*b):
...     s=a
...     for x in b:         #用循环迭代元组 b 中的对象
...        s+=x             #累加
...     return s            #返回累加结果
...
>>> add(1)                  #不为带星号的形参提供数据，此时形参 b 为空元组
1
>>> add(1,2)                #求两个数的和，此时形参 b 为元组(2,)
3
>>> add(1,2,3)              #求 3 个数的和，此时形参 b 为元组(2,3)
6
```

```
>>> add(1,2,3,4,5)        #求 5 个数的和，此时形参 b 为元组(2,3,4,5)
15
```

7. 必须通过赋值传递的参数

Python 允许使用必须通过赋值传递的参数。在定义函数时，带星号参数之后的参数必须通过赋值传递，示例代码如下。

```
>>> def add(a,*b,c):
...     s=a+c
...     for x in b:
...         s+=x
...     return s
...
>>> add(1,2,3)                        #形参 c 未使用赋值传递，出错
Traceback (most recent call last):
  File "<stdin>", line 1, in <module>
TypeError: add() missing 1 required keyword-only argument: 'c'
>>> add(1,2,c=3)                      #形参 c 使用赋值传递
6
>>> add(1,c=3)                        #带星号的参数可以省略
4
```

在定义函数时，也可以单独使用星号，其后的参数必须通过赋值传递，示例代码如下。

```
>>> def f(a,*,b,c):                   #参数 b 和 c 必须通过赋值传递
...   return a+b+c
...
>>> f(1,b=2,c=3)
6
```

6.1.4 函数嵌套定义

Python 允许在函数内部定义函数，即内部函数，示例代码如下。

6.1.4 函数嵌套定义

```
>>> def add(a,b):
...     def getsum(x):    #在函数内部定义函数，其作用是将字符串转换为 Unicode 码求和
...         s=0
...         for n in x:
...            s+=ord(n)
...         return s
...     return getsum(a)+getsum(b)  #调用内部定义的函数 getsum()
...
>>> add('12','34')                    #调用函数
202
```

注意，内部函数只能在函数内部使用。

6.1.5 lambda 函数

6.1.5 lambda 函数

lambda 函数也称表达式函数，用于定义匿名函数。可将 lambda 函数赋值

给变量，通过变量调用函数。lambda 函数定义的基本格式如下。

```
lambda 参数表:表达式
```

示例代码如下。

```
>>> add=lambda a,b:a+b              #定义表达式函数，赋值给变量
>>> add(1,2)                        #函数调用格式不变
3
>>> add('ab','ad')
'abad'
```

lambda 函数非常适合定义简单的函数，与 def 不同，lambda 的函数体只能是一个表达式，可在表达式中调用其他函数，但不能使用其他的语句，示例代码如下。

```
>>> add=lambda a,b:ord(a)+ord(b)    #在 lambda 表达式中调用其他函数
>>> add('1','2')
99
```

6.1.6 递归函数

递归函数是指在函数体内调用函数本身。例如，下面的函数 fac()用于计算阶乘。

6.1.6 递归函数

```
>>> def fac(n):                     #定义函数
...     if n==0:                    #递归调用的终止条件
...        return 1
...     else:
...        return n*fac(n-1)        #递归调用函数本身
...
>>> fac(5)
120
```

注意，递归函数必须在函数体中设置递归调用的终止条件。如果没有设置递归调用终止条件，程序会在超过 Python 允许的最大递归调用深度后，产生 RecursionError 异常（递归调用错误）。

6.1.7 函数列表

因为函数是一种对象，所以可将其作为列表元素使用，然后通过列表索引来调用函数，示例代码如下。

6.1.7 函数列表

```
>>> d=[lambda a,b: a+b,lambda a,b:a*b]  #使用 lambda 函数建立列表
>>> d[0](1,3)                           #调用第一个函数
4
>>> d[1](1,3)                           #调用第二个函数
3
```

也可以使用 def 定义的函数来创建列表，示例代码如下。

```
>>> def add(a,b):                       #定义求和函数
...     return a+b
```

```
...
>>> def fac(n):                              #定义求阶乘函数
...     if n==0:
...         return 1
...     else:
...         return n*fac(n-1)
...
>>> d=[add,fac]                              #建立函数列表
>>> d[0](1,2)                                #调用求和函数
3
>>> d[1](5)                                  #调用求阶乘函数
120

>>> d=(add,fac)                              #建立包含函数列表的元组对象
>>> d[0](2,3)                                #调用求和函数
5
>>> d[1](5)                                  #调用求阶乘函数
120
```

Python 还允许使用字典来建立函数映射，示例代码如下。

```
>>> d={'求和':add,'求阶乘':fac}              #用函数 add()和 fac()建立函数映射
>>> d['求和'](1,2)                           #调用求和函数
3
>>> d['求阶乘'](5)                           #调用求阶乘函数
120
```

6.2 变量的作用域

变量的作用域是变量的可使用范围，也称为变量的命名空间。在第一次给变量赋值时，Python 创建变量，变量创建的位置决定了变量的作用域。

6.2.1 作用域分类

Python 中变量的作用域可分为 4 种：本地作用域、函数嵌套作用域、文件作用域和内置作用域，如图 6-1 所示。

6.2.1 作用域分类

- 本地作用域：没有内部函数时，函数体为本地作用域。函数内通过赋值创建的变量、函数参数都属于本地作用域。
- 函数嵌套作用域：包含内部函数时，函数体为函数嵌套作用域。
- 文件作用域：程序文件（也称模块文件）的内部为文件作用域。
- 内置作用域：Python 运行时的环境为内置作用域，它包含了 Python 的各种预定义变量和函数。

内置作用域和文件作用域可称为全局作用域。

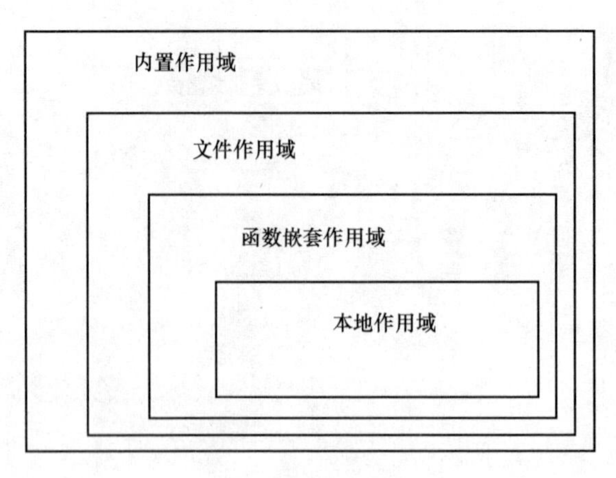

图 6-1　变量的作用域

作用域外部的变量和函数可以在作用域内使用；相反，作用域内的变量和函数不能在作用域外使用。

根据作用域范围大小，通常将变量名分为两种：全局变量和本地变量。在内置作用域和文件作用域中定义的变量和函数都属于全局变量。在函数嵌套作用域和本地作用域内定义的变量和函数都属于本地变量，本地变量也可称为局部变量。

考察下面的代码：

```
#文件作用域
a=10                        #a 是全局变量
def add(b):                 #参数 b 是函数 add()内的本地变量
   c=a+b                    #c 是函数 add()内的本地变量，a 是函数 add()外部的全局变量
   return c
print(add(5))               #调用函数
```

该程序在运行过程中，会创建 4 个变量：a、b、c 和 add，a 和 add()是文件作用域内的全局变量，b 和 c 是函数 add()内部的本地变量。另外该程序还用到了 print()这个内置函数，它是内置作用域中的全局变量。

提示　函数内部的本地变量，在调用函数时（即函数执行期间）才会被创建。函数执行结束后，本地变量也会从内存中删除。

作用域外的变量与作用域内的变量名称相同时，以“本地”优先为原则，此时外部的变量被屏蔽——称为作用域隔离原则，示例代码如下。

```
>>> a=10                                    #赋值，创建全局变量 a
>>> def show():
...     a=100                               #赋值，创建本地变量 a
...     print('in show(): a =',a)           #输出本地变量 a
...
>>> show()
in show(): a = 100
```

```
>>> a                                   #输出全局变量 a
10
```

将上面的函数稍作修改，代码如下。

```
>>> a=10
>>> def show():
...     print('a=',a)                   #这里的 a 是本地变量，此时还未创建该变量，所以会出错
...     a=100                           #赋值，创建本地变量 a
...     print('a=',a)
...
>>> show()
Traceback (most recent call last):
  File "<stdin>", line 1, in <module>
  File "<stdin>", line 2, in show
UnboundLocalError: local variable 'a' referenced before assignment
```

程序运行的错误信息提示出错的原因是在赋值之前引用了变量 a。因为在函数 show()内部有变量 a 的赋值语句，所以函数内部是变量 a 的作用域。函数 show()的第 1 条语句中的变量 a 是本地变量，此时它还未被创建出来，因为创建变量 a 的赋值语句在其之后，所以程序会出错。

6.2.2 global 语句

在函数内部为变量赋值时，默认情况下该变量为本地变量。为了在函数内部为全局变量赋值，Python 提供了 global 语句，用于在函数内部声明全局变量，示例代码如下。

6.2.2 global 语句

```
>>> def show():
...     global a                        #声明 a 是全局变量
...     print('a=',a)                   #输出全局变量 a
...     a=100                           #为全局变量 a 赋值
...     print('a=',a)
...
>>> a=10
>>> show()
a= 10
a= 100
>>> a
100
```

因为在函数内部使用了 global 语句进行声明，所以代码中 a 都是全局变量。

6.2.3 nonlocal 语句

作用域隔离原则同样适用于嵌套函数。在嵌套函数内使用与外层函数同名的变量时，若该变量在嵌套函数内部没有被赋值，则该变量就是外层函数的本地变量，示例代码如下。

6.2.3 nonlocal 语句

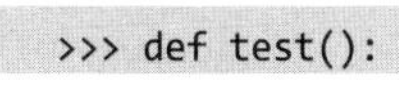

```
>>> def test():
```

```
...     a=10                                  #创建 test()函数的本地变量 a
...     def show():
...         print('in show(),a=',a)           #使用 test()函数的本地变量 a
...     show()
...     print('in test(),a=',a)               #使用 test()函数的本地变量 a
...
>>> test()
in show(),a= 10
in test(),a= 10
```

修改上面的代码，在嵌套函数 show()内部为 a 赋值，代码如下。

```
>>> def test():
...     a=10                                  #创建 test()函数的本地变量 a
...     def show():
...         a=100                             #创建 show()函数的本地变量 a
...         print('in show(),a=',a)           #使用 show()函数的本地变量 a
...     show()
...     print('in test(),a=',a)               #使用 test()函数的本地变量 a
...
>>> test()
in show(),a= 100
in test(),a= 10
```

如果要在嵌套函数内部为外层函数的本地变量赋值，Python 提供了 nonlocal 语句。nonlocal 语句与 global 语句类似，它声明变量是外层函数的本地变量，示例代码如下。

```
>>> def test():
...     a=10                                  #创建 test()函数的本地变量 a
...     def show():
...        nonlocal a                         #声明 a 是 test()函数的本地变量
...        a=100                              #为 test()函数的本地变量 a 赋值
...        print('in show(),a=',a)            #使用 test()函数的本地变量 a
...     show()
...     print('in test(),a=',a)               #使用 test()函数的本地变量 a
...
>>> test()
in show(),a= 100
in test(),a= 100
```

6.3 模块

模块是一个包含变量、函数或类的程序文件。模块中也可以包含其他各种 Python 语句。

大型系统往往将系统功能划分为模块来实现，或者将常用功能集中在一个或多个模块文件中，然后在顶层的主模块文件或其他文件中导入并使用模块。Python 也提供了大量内置模块，并可集成各种扩展模块。

6.3.1 导入模块

模块需要先导入，然后才能使用其中的变量、函数或者类等。可使用 import 或 from 语句导入模块，基本格式如下。

```
import 模块名称
import 模块名称 as 新名称
from 模块名称 import 导入的对象名称
from 模块名称 import 导入的对象名称 as 新名称
from 模块名称 import *
```

6.3.1 导入模块

1. import 语句

import 语句用于导入整个模块，可使用 as 为导入的模块指定一个新名称。导入模块后，使用"模块名称.对象名称"格式来引用模块中的对象。

例如，下面的代码使用 math 模块。

```
>>> import math                              #导入模块
>>> math.fabs(-5)                            #调用模块中的函数
5.0
>>> math.e                                   #使用模块中的常量
2.718281828459045
>>> fabs(-5)                                 #试图直接使用模块中的函数，出错
Traceback (most recent call last):
  File "<stdin>", line 1, in <module>
NameError: name 'fabs' is not defined

>>> import math as m                         #导入模块并为其指定新名称
>>> m.fabs(-5)                               #通过新名称调用模块函数
5.0
>>> m.e                                      #通过新名称使用模块常量
2.718281828459045
```

2. from 语句

from 语句用于导入模块中的指定对象，导入的对象可直接使用，不需要使用模块名称作为限定符，示例代码如下。

```
>>> from math import fabs                    #从模块导入指定函数
>>> fabs(-5)
5.0
>>> from math import e                       #从模块导入指定常量
>>> e
2.718281828459045
>>> from math import fabs as f1              #导入时指定新名称
>>> f1(-10)
10.0
```

3. from ... import *语句

使用星号时，可导入模块顶层的所有全局变量和函数，示例代码如下。

```
>>> from math import *                      #导入模块顶层的全局变量和函数
>>> fabs(-5)                                #直接使用导入的函数
5.0
>>> e                                       #直接使用导入的常量
2.718281828459045
```

6.3.2 导入时执行模块

6.3.2 导入时执行模块

import 和 from 语句在执行导入操作时，会执行导入模块中的全部语句。这是因为只有执行了模块，模块中的变量和函数才会被创建，才能在当前模块中使用。

只有在第一次执行导入操作时，才会执行模块。再次导入模块时，并不会重新执行模块。

import 和 from 语句是隐性的赋值语句，两者的区别如下。

- Python 执行 import 语句时，会创建一个模块对象和一个与模块文件同名的变量，并建立变量和模块对象的引用关系。模块中的变量和函数等均作为模块对象的属性使用。再次导入时，不会改变模块对象属性的当前值。
- Python 执行 from 语句时，会同时在当前模块和被导入模块中创建同名变量，这两个变量引用同一个对象。再次导入时，会将被导入模块的变量的初始值赋值给当前模块的变量。

示例代码如下。

首先，创建模块文件 test.py，其代码如下。

```
x=100                                              #赋值，创建变量 x
print('这是模块 test.py 中的输出！')                 #输出字符串
def show():                                        #定义函数，执行时创建函数对象
    print('这是模块 test.py 中的 show()函数中的输出！')
```

可将 test.py 文件放在系统 D 盘根目录中，然后进入 Windows 命令提示符窗口，在 D 盘根目录中执行 python.exe 进入 Python 交互环境。下面的代码使用 import 语句导入 test.py 模块。

```
D:\>python
……
>>> import test                  #导入模块，下面的输出说明模块在导入时被执行
这是模块 test.py 中的输出！
>>> test.x                       #使用模块变量
100
>>> test.x=200                   #为模块变量赋值
>>> import test                  #重新导入模块
>>> test.x                       #使用模块变量，输出结果显示重新导入模块未影响变量的值
200
```

```
>>> test.show()                    #调用模块函数
这是模块 test.py 中的 show()函数中的输出!
>>> abc=test                       #将模块变量赋值给另一个变量
>>> abc.x                          #使用模块变量
200
>>> abc.show()                     #调用模块函数
这是模块 test.py 中的 show()函数中的输出!
```

执行 import 语句后，会创建引用模块对象的变量 test，可以将它赋值给另一个变量 abc，使其引用同一个模块对象。

图 6-2 说明了在上面的代码执行过程中模块与变量的关系。

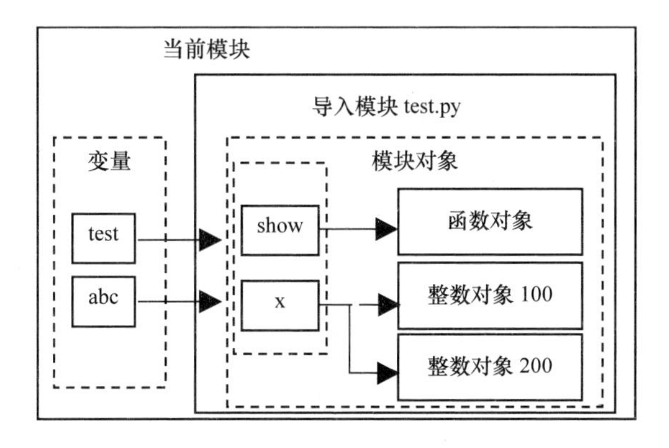

图 6-2　执行 import 导入后模块与变量的关系

下面的代码使用 from 语句导入 test.py 模块。

```
>>> from test import x,show                #导入模块的变量 x、show()
这是模块 test.py 中的输出!
>>> x                                      #输出模块的变量的初始值
100
>>> show()                                 #调用模块函数
这是模块 test.py 中的 show()函数中的输出!
>>> x=200                                  #为当前模块的变量赋值
>>> from test import x,show                #重新导入模块的变量 x、show()
>>> x                                      #x 的值为模块的变量的初始值
100
```

在执行 from 语句时，test 模块中的所有语句均被执行。from 语句将 test 模块的变量 x 和 show() 赋值给当前模块的变量 x 和 show()。语句“x=200”为当前模块的变量 x 赋值，不会影响 test 模块的变量 x。因此重新导入模块的变量 x 和 show 时，当前模块变量 x 被重新赋值为 test 模块的变量 x 的值。

图 6-3 说明了在上面的代码执行过程中模块和变量的关系。

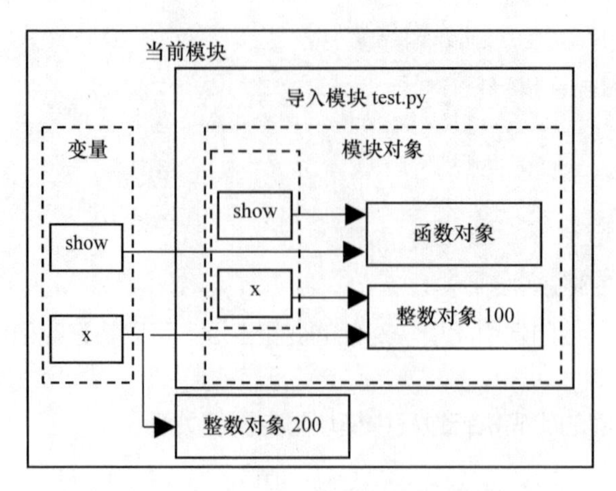

图 6-3　执行 from 导入后模块与变量的关系

6.3.3　用 import 语句还是 from 语句

使用 import 语句导入模块时，模块的变量使用“模块名.”作为限定词，所以不存在歧义，即使导入模块的变量与其他模块的变量同名也没有关系。在使用 from 语句时，当前模块的同名变量引用了模块内部的对象，应注意引用模块的变量与当前模块或其他模块的变量同名的情况。

6.3.3　用 import 语句还是 from 语句

1. 使用模块内的可修改对象

使用 from 语句导入模块时，可以直接使用变量引用模块中的对象，从而避免输入“模块名.”作为限定词。这种便利有时也会遇到麻烦。

在下面的模块 test3.py 中，变量 x 引用了整数对象 100（100 是不可修改对象），y 引用了一个可修改的列表对象。

```
x=100                    #赋值，创建整数对象 100 和变量 x，变量 x 引用整数对象 100
y=[10,20]                #赋值，创建列表对象[10,20]和变量 y，变量 y 引用列表对象
```

下面的代码使用 from 语句导入模块 test3.py。

```
>>> x=10                 #创建当前模块的变量 x
>>> y=[1,2]              #创建当前模块的变量 y
>>> from test3 import *  #引用模块中的对象 x 和 y
>>> x,y                  #输出结果显示引用了模块中的对象
(100, [10, 20])
>>> x=200                #赋值，使当前模块的变量 x 引用整数对象 200
>>> y[0]=['abc']         #修改第一个列表元素，此时会修改模块中的列表对象
>>> import test3         #再次导入模块
>>> test3.x,test3.y      #输出结果显示模块中的列表对象已被修改
(100, [['abc'], 20])
```

在执行“from test3 import *”语句时，隐含的赋值操作改变了当前模块变量 x 和 y 的引用，使其引用了模块中的对象。

执行“x=200”语句，使当前模块的变量 x 引用整数对象 200，断开了 x 与模块的整数对象 100

的引用关系。这种情况下，赋值操作改变了变量的引用，没有改变变量原来引用的对象。

执行“y[0]=['abc']”语句时，并没有改变 y 的引用，而是修改了其引用的列表的元素。如果只希望修改当前模块中的列表，但恰好遇到引用的模块中存在同名列表的情况，从而导致引用的模块中的列表被意外修改。程序员可能并不清楚所导入的模块究竟包含了哪些变量，所以应尽量避免使用“from … import *”语句导入模块，优先选择使用“import …”语句导入模块。

2. 使用 from 语句导入两个模块中的同名变量

下面的两个模块 test4.py 和 test5.py 中包含了同名的变量。

```
#test4.py
def show():
    print('out in test4.py')
#test5.py
def show():
    print('out in test5.py')
```

当两个模块存在同名变量时，使用 from 语句导入模块会导致变量名冲突，示例代码如下。

```
>>> from test4 import show
>>> from test5 import show
>>> show()
out in test5.py
>>> from test5 import show
>>> from test4 import show
>>> show()
out in test4.py
```

可以看到，虽然导入了两个模块，但后面导入的模块为 show 赋值时覆盖了前面的赋值。所以只能调用后赋值时引用的模块函数。

当两个模块存在同名变量时，应使用 import 语句导入模块，示例代码如下。

```
>>> import test4
>>> import test5
>>> test4.show()
out in test4.py
>>> test5.show()
out in test5.py
```

6.3.4 重新载入模块

再次使用 import 或 from 语句导入模块时，不会重新执行模块，所以不能使模块的所有变量恢复为初始值。Python 在 imp 模块中提供的 reload()函数可重新载入并执行模块代码，从而使模块中的变量全部恢复为初始值。

6.3.4 重新载入模块

reload()函数用模块名称作为参数，所以只能重载使用 import 语句导入的模块。如果要重载的模块还没有导入，执行 reload()函数会出错，示例代码如下。

```
>>> import test                          #导入模块，模块代码被执行
这是模块 test.py 中的输出!
>>> test.x
100
>>> test.x=200
>>> import test                          #再次导入模块
>>> test.x                               #再次导入模块没有改变变量的当前值
200
>>> from imp import reload               #导入 reload()函数
>>> reload(test)                         #重载模块，可以看到模块代码被再次执行
这是模块 test.py 中的输出!
<module 'test' from 'D:\\Python35\\test.py'>
>>> test.x                               #因为模块代码被再次执行，x 恢复为初始值
100
```

6.3.5 模块搜索路径

在导入模块时，Python 会执行下列 3 个步骤。

6.3.5 模块搜索路径

（1）搜索模块文件：Python 按特定的路径搜索模块文件。

（2）必要时编译模块：找到模块文件后，Python 会检查文件的时间戳。如果字节码文件比源代码文件旧（即源代码文件作了修改），Python 就会执行编译操作，生成最新的字节码文件。如果字节码文件是最新的，则跳过编译环节。如果在搜索路径中只发现了字节码，而没有发现源代码文件，则直接加载字节码文件。如果只有源代码文件，Python 会执行编译操作，生成字节码文件。

（3）执行模块：执行模块的字节码文件。

在导入模块时，不能在 import 或 from 语句中指定模块文件的路径，只能依赖于 Python 的搜索路径。

可使用标准模块 sys 的 path 属性来查看当前的搜索路径，示例代码如下。

```
>>> import sys
>>> sys.path
['', 'D:\\Python35\\python35.zip', 'D:\\Python35\\DLLs', 'D:\\Python35\\lib', 'D:\\Python35',
'D:\\Python35\\lib\\site-packages']
```

第一个空字符串表示 Python 当前工作目录。Python 按照先后顺序依次搜索 path 列表中的路径。如果在 path 列表的所有路径中均未找到模块，则导入操作失败。

通常，sys.path 由 4 部分设置组成。

（1）Python 的当前工作目录（可用 os 模块中的 getcwd()函数查看当前目录名称）。

（2）操作系统的环境变量 PYTHONPATH 中包含的目录（如果存在）。

（3）Python 标准库目录。

（4）任何 pth 文件包含的目录（如果存在）。

Python 按照上面的顺序搜索各个目录。

pth 文件通常放在 Python 安装目录中，文件名可以任意设置，例如 searchpath.pth。在 pth

文件中，每个目录占一行，可包含多个目录，示例代码如下。

```
C:\myapp\hello
D:\pytemp\src
```

在 Windows 10 系统中，可以按照下面的步骤配置环境变量 PYTHONPATH。

（1）按【Windows+I】组合键打开“Windows 设置”窗口，在搜索框中输入“环境变量”，如图 6-4 所示。

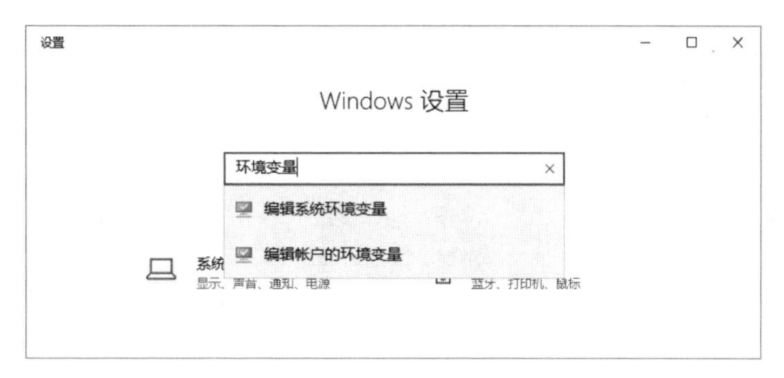

图 6-4　系统设置窗口

（2）在搜索结果列表中选择“编辑账户（图中为“帐户”）的环境变量”选项，打开“环境变量”对话框，如图 6-5 所示。

图 6-5　环境变量设置窗口

（3）为当前用户添加环境变量。单击用户变量列表下方的“新建”按钮，打开“新建用户变量”对话框，如图 6-6 所示。

新建用户变量

变量名(N): PYTHONPATH

变量值(V): C:\myapp\hello;D:\pytemp\mypysrc

浏览目录(D)... 浏览文件(F)... 确定 取消

图 6-6 新建用户环境变量

（4）在“变量名”文本框中输入 PYTHONPATH，在“变量值”文本框中输入以分号分隔的多个路径。最后，依次单击“确定”按钮关闭各个对话框，完成环境变量设置操作。

sys.path 列表在程序启动时，自动进行初始化。可在代码中对 sys.path 列表执行添加或删除操作，示例代码如下。

```
>>> from sys import path                    #导入 path 变量
>>> path                                    #显示当前搜索路径列表
['', 'C:\\myapp\\hello', 'D:\\pytemp\\mypysrc', 'D:\\Python35\\python35.zip', 'D:\\Python35\\DLLs', 'D:\\Python35\\lib', 'D:\\Python35', 'D:\\Python35\\lib\\site-packages']

>>> del path[1]                             #删除第二个搜索路径
>>> path
['', 'D:\\pytemp\\mypysrc', 'D:\\Python35\\python35.zip', 'D:\\Python35\\DLLs', 'D:\\Python35\\lib', 'D:\\Python35', 'D:\\Python35\\lib\\site-packages']

>>> path.append(r'D:\temp')                 #添加一条搜索路径
>>> path
['', 'D:\\pytemp\\mypysrc', 'D:\\Python35\\python35.zip', 'D:\\Python35\\DLLs', 'D:\\Python35\\lib', 'D:\\Python35', 'D:\\Python35\\lib\\site-packages', 'D:\\temp']
```

6.3.6 嵌套导入模块

Python 允许任意层次的嵌套导入。每个模块都有一个名字空间，嵌套导入意味着名字空间的嵌套。在使用模块的变量名时，应依次使用模块名称作为限定符。例如，存在两个模块文件 test.py 和 test2.py，下面的代码说明了嵌套导入时应如何使用模块中的变量。

6.3.6 嵌套导入模块

```
#test.py
x=100
def show():
    print('这是模块 test.py 中的 show()函数中的输出！')
print('载入模块 test.py！')
import test2

#test2.py
x2=200
print('载入模块 test2.py！')
```

在交互模式下导入模块 test.py 的示例如下。

```
>>> import test                           #导入模块 test
载入模块 test.py!
载入模块 test2.py!
>>> test.x                                #使用 test 模块的变量
100
>>> test.show()                           #调用 test 模块的函数
这是模块 test.py 中的 show()函数中的输出!
>>> test.test2.x2                         #使用嵌套导入的 test2 模块中的变量
200
```

6.3.7 查看模块对象属性

6.3.7 查看模块对象属性

在导入模块时，Python 为模块文件创建一个模块对象。模块中的各种对象是模块对象的属性。Python 会为模块对象添加一些内置属性。可使用 dir()函数查看对象的属性。例如，模块 test6.py 的代码如下。

```
'''
该模块用于演示
模块包含一个全局变量和函数
'''
#test6.py
x=100
y=[1,2]
def show():
    print('这是模块 test6.py 中的 show()函数中的输出！')
def add(a,b):
    return a+b
```

下面导入该模块，查看其属性。

```
>>> import test6
>>> dir(test6)
['__builtins__', '__cached__', '__doc__', '__file__', '__loader__', '__name__', '__package__',
'__spec__', 'add', 'show', 'x', 'y']
>>> test6.__doc__                          #返回文件的文档注释
'\n 该模块用于演示\n 模块包含一个全局变量和函数\n'
>>> test6.__file__                         #返回模块的完整文件名
'D:\\Python35\\test6.py'
>>> test6.__name__                         #返回模块名称
'test6'
```

dir()函数返回的列表包含了模块对象的属性，其中 Python 内置的属性以双下划线开头和结尾，其他属性为代码中的变量名。

6.3.8 __name__属性和命令行参数

6.3.8 __name__属性和命令行参数

当作为导入模块使用时，模块的__name__属性值为模块文件名。当作为顶层模块直接执行时，__name__属性值为“__main__”。

在下面的模块 test7.py 中，检查__name__属性值是否为“__main__”。如果为“__main__”，则将命令行参数输出。

```
#test7.py
if __name__=='__main__':
    #模块独立运行时，执行下面的代码
    def show():
        print('test7.py 独立运行')
    show()
    import sys
    print(sys.argv)                              #输出命令行参数
else:
    #作为导入模块时，执行下面的代码
    def show():
        print('test7.py 作为导入模块使用')
print('test7.py 执行完毕！')                      #该语句一定会执行
```

在 Windows 命令提示符窗口中执行模块 test7.py，运行结果如下。

```
D:\>python d:\python35\test7.py 123,456
test7.py 独立运行
['d:\\python35\\test7.py', '123,456']
test7.py 执行完毕!
```

在交互模式下导入模块 test7.py，执行其 show()方法，运行结果如下。

```
>>> import test7
test7.py 执行完毕!
>>> test7.show()
test7.py 作为导入模块使用
```

从上面的例子可以看到，通过检查__name__属性值是否为“__main__”，可以分别定义作为顶层模块或导入模块时执行的代码。

6.3.9 隐藏模块变量

在使用“from…import *”语句导入模块变量时，Python 默认会将模块顶层的所有变量导入，但模块中以单个下划线开头的变量（如_abc）不会被导入，示例代码如下。

6.3.9 隐藏模块变量

```
#test8.py
x=100
_y=[1,2]
def _add(a,b):
    return a+b
def show():
    print('out from test8.py')
```

在交互模式下导入模块 test8.py 的示例代码如下。

```
>>> from test8 import *                    #导入模块变量
>>> x
100
>>> show()
out from test8.py
>>> _y
Traceback (most recent call last):
  File "<stdin>", line 1, in <module>
NameError: name '_y' is not defined
>>> _add()
Traceback (most recent call last):
  File "<stdin>", line 1, in <module>
NameError: name '_add' is not defined
```

可以看到，执行“from test8 import *”语句后，模块中的 x、show()被导入，而_y 和_add 没有被导入。

可以在模块文件的开头使用__all__变量设置使用“from…import *”语句时导入的变量名。例如，修改 test8.py，添加__all__变量，代码如下。

```
#test8.py
__all__=['_y','_add','show']               #设置可导入的变量名列表
x=100
_y=[1,2]
def _add(a,b):
    return a+b
def show():
    print('out from test8.py')
```

在交互模式下导入模块。

```
>>> from test8 import *
>>> x
Traceback (most recent call last):
  File "<stdin>", line 1, in <module>
NameError: name 'x' is not defined
>>> _y
[1, 2]
>>> _add(1,2)
3
>>> show()
out from test8.py
```

可以看到“from…import *”语句根据__all__列表导入变量名。只要是__all__列表中的变量，不管是否以下划线开头，均会被导入。

6.4 模块包

大型系统通常会根据代码功能将模块文件放在多个目录中。在导入位于目录中的模块文件时，需要指定目录路径。Python 将存放模块文件的目录称为包。

6.4.1 包的基本结构

当文件夹中存在__init__.py 文件时，表示该目录是一个 Python 包。__init__.py 文件可以是一个空文件，也可以在其中定义__all__列表、其他变量或类等。

6.4.1 包的基本结构

按照下面的步骤创建包 pytemp 及其子目录和文件。

（1）打开 Windows 的资源管理器，在 D 盘根目录中新建文件夹 pytemp。

（2）在 D:\pytemp 中新建文件夹 mypysrc。

（3）在 D:\pytemp\mypysrc 中新建文件夹 db。

（4）在 IDLE 中创建 3 个空的 Python 程序，将其分别保存到 D:\pytemp、D:\pytemp\mypysrc 和 D:\pytemp\mypysrc\db 文件夹中，命名均为__init__.py。

（5）在 IDLE 中创建一个 Python 程序，将其保存到 D:\pytemp\mypysrc\db 文件夹中，命名为 test.py，其程序代码如下。

```
#D:\pytemp\mypysrc\db\test.py
def show():
    print(r'这是模块 D:\pytemp\mypysrc\db\test.py 中的 show()函数中的输出！')
print(r'模块 D:\pytemp\mypysrc\db\test.py 执行完毕！')
```

上述步骤创建的 Python 包的目录结构如图 6-7 所示。

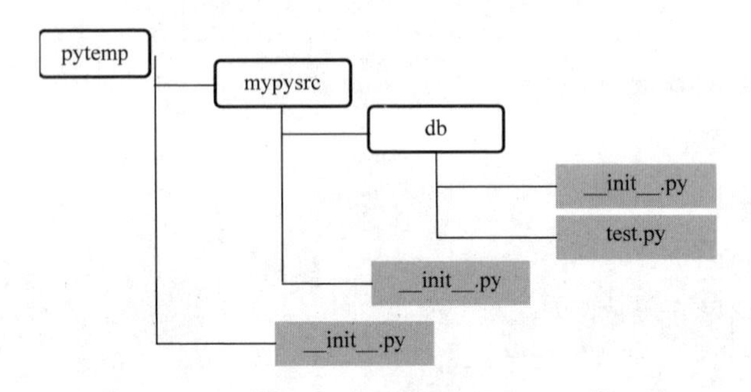

图 6-7　包的目录结构

6.4.2 导入包

导入包中的模块时，应指明包的路径，在路径中使用点号分隔目录，示例代码如下。

6.4.2 导入包

```
D:\>cd pytemp                              #进入包的根目录 pytemp
D:\pytemp>python                           #进入 Python 交互环境
......
>>>
>>> import mypysrc.db.test                 #导入包中的模块
```

```
模块 D:\pytemp\mypysrc\db\test.py 执行完毕!
>>> mypysrc.db.test.show()
这是模块 D:\pytemp\mypysrc\db\test.py 中的 show()函数中的输出!
>>> from mypysrc.db.test import show              #从包中的模块导入变量名
>>> show()
这是模块 D:\pytemp\mypysrc\db\test.py 中的 show()函数中的输出!
```

6.4.3 相对导入

6.4.3 相对导入

Python 总是在搜索路径中查找包。在模块的包路径中，“.”表示当前模块文件所在的目录——可称为当前路径，“..”表示当前模块文件所在路径的上一级目录。

1. 使用当前路径导入

在 IDLE 中创建一个 Python 程序，将其保存到 D:\pytem\mypysrc 文件夹中，命名为 reltest.py，其程序代码如下。

```
#D:\pytemp\mypysrc\reltest.py
import os
print('当前工作目录为: ',os.getcwd())

from .db.test import show                  #导入当前目录下的 db.test 模块中的函数
show()
print('相对导入测试完毕')
```

在交互模式下导入模块 reltest.py，示例代码如下。

```
>>> import mypysrc.reltest                 #导入模块
当前工作目录为:  D:\pytemp
模块 E:\Pytemp\mypysrc\db\test.py 执行完毕!
这是模块 D:\pytemp\mypysrc\db\test.py 中的 show()函数中的输出!
相对导入测试完毕
```

2. 使用上一级目录路径

在 IDLE 中创建一个 Python 程序，将其保存到 D:\pytem\mypysrc 文件夹中，命名为 test.py，其程序代码如下。

```
#D:\pytemp\mypysrc\test.py
def show():
    print(r'这是模块 D:\pytemp\mypysrc\test.py 中的 show()函数中的输出! ')
print(r'模块 D:\pytemp\mypysrc\test.py 执行完毕! ')
```

在 IDLE 中创建一个 Python 程序，将其保存到 D:\pytem\mypysrc\db 文件夹中，命名为 reltest_up.py，其程序代码如下。

```
#D:\pytemp\mypysrc\db\reltest_up.py
from ..test import show               #导入上一级目录下的模块 test 中的函数
show()
```

```
print(r'模块D:\pytemp\mypysrc\db\reltest_up.py执行完毕！')
print('相对导入测试完毕')
```

在交互模式下导入模块 reltest_up.py，示例代码如下。

```
>>> import mypysrc.db.reltest_up
模块D:\pytemp\mypysrc\test.py执行完毕!
这是模块D:\pytemp\mypysrc\test.py中的show()函数中的输出!
模块D:\pytemp\mypysrc\db\reltest_up.py执行完毕!
相对导入测试完毕
```

6.4.4 在__init__.py 中添加代码

在执行“from 包名 import *”语句导入包时，Python 会执行包中的__init__.py 文件，并根据__all__列表完成导入。

修改 D:\pytemp\mypysrc 文件夹中的__init__.py 文件，代码如下。

6.4.4 在__init__.py 中添加代码

```
# __init__.py
import mypysrc.db.test
#__all__=['data1','showA']
data1='包d:\pytem\mypysrc中的变量data1的值'
data2='包d:\pytem\mypysrc中的变量data2的值'
def showA():
    print('d:\pytem\mypysrc\__init__.py中的函数showA()的输出')
def showB():
    print('d:\pytem\mypysrc\__init__.py中的函数showB()的输出')
print('D:\pytem\mypysrc\__init__.py执行完毕')
```

在交互模式下导入包 mypysrc，示例代码如下。

```
D:\pytemp>python
……
>>> from mypysrc import *
模块d:\pytemp\mypysrc\db\test.py执行完毕!
d:\pytem\mypysrc\__init__.py执行完毕
>>> data1,data2                              #测试导入的变量
('包d:\\pytem\\mypysrc中的变量data1的值', '包d:\\pytem\\mypysrc中的变量data2的值')
>>> showA()                                  #测试导入的函数showA()
d:\pytem\mypysrc\__init__.py中的函数showA()的输出
>>> showB()                                  #测试导入的函数showB()
d:\pytem\mypysrc\__init__.py中的函数showB()的输出
```

可以看到，在注释掉“ __all__=['data1','showA']”语句后，执行“from mypysrc import *”语句导入包时，默认导入__init__.py 中的全部变量、函数和类。

删除“__all__=['data1','showA']”语句前的注释符号，重新进入交互模式导入包 mypysrc，示例代码如下。

```
D:\pytemp>python
……
```

```
>>> from mypysrc import *
模块 d:\pytemp\mypysrc\db\test.py 执行完毕!
D:\pytem\mypysrc\__init__.py 执行完毕
>>> data1
'包 D:\\pytem\\mypysrc 中的变量 data1 的值'
>>> data2                                   #使用变量 data2 出错，说明没有导入该变量
Traceback (most recent call last):
  File "<stdin>", line 1, in <module>
NameError: name 'data2' is not defined
>>> showA()
D:\pytem\mypysrc\__init__.py 中的函数 showA()的输出
>>> showB()                                 #使用函数 showB()出错，说明没有导入该函数
Traceback (most recent call last):
  File "<stdin>", line 1, in <module>
NameError: name 'showB' is not defined
```

可以看到，设置了__all__列表后，执行“from mypysrc import *”语句会只导入指定的内容。

6.5 综合实例

本节实例在 IDLE 创建一个 Python 程序，在程序中定义一个函数输出杨辉三角。程序独立运行时输出 10 阶杨辉三角，如图 6-8 所示。

6.5 综合实例

杨辉三角实现分析：

将杨辉三角左对齐输出，如图 6-9 所示。可以看出，杨辉三角矩阵的规律为：第一列和主对角线上的数字都为 1，其他位置的数字为“上一行前一列”和“上一行同一列”两个位置的数字之和。使用嵌套的列表表示杨辉三角，则非第一列和主对角线上元素的值可用下面的表达式表示。

```
x[i][j]=x[i-1][j-1]+x[i-1][j]
```

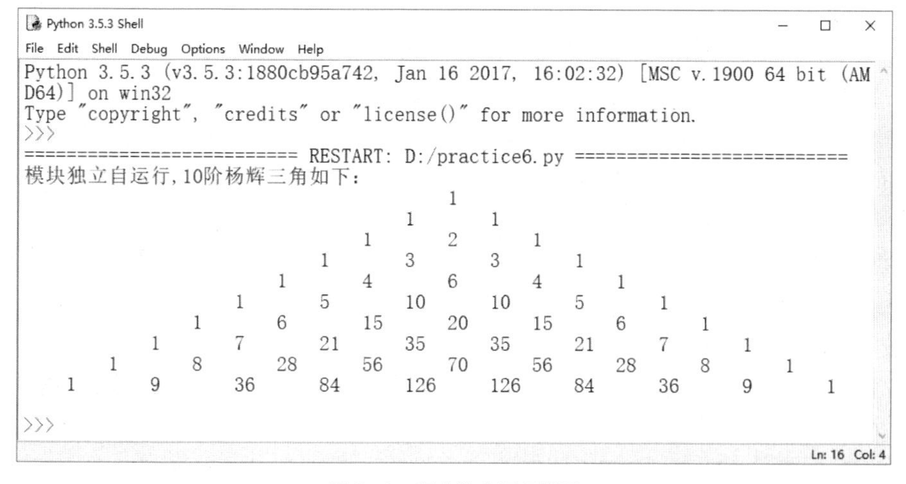

图 6-8 程序独立运行结果

```
1
1       1
1       2       1
1       3       3       1
1       4       6       4       1
1       5       10      10      5       1
1       6       15      20      15      6       1
1       7       21      35      35      21      7       1
1       8       28      56      70      56      28      8       1
1       9       36      84      126     126     84      36      9       1
```

图 6-9　左对齐的杨辉三角

具体操作步骤如下。

（1）在 Windows 开始菜单中选择“Python 3.5\IDLE”命令，启动 IDLE 交互环境。

（2）在 IDLE 交互环境中选择“File\New”命令，打开源代码编辑器。

（3）在源代码编辑器中输入下面的代码。

```
def yanghui(n):
    if not str(n).isdecimal() or n<2 or n>25:
        #限制杨辉三角阶数，避免数字太大
        print('杨辉三角函数 yanghui(n)，参数 n 必须是不小于 2 且不大于 25 的正整数')
        return False
    #使用列表对象生成杨辉三角
    x=[]
    for i in range(1,n+1):                          #生成初始的杨辉三角不规则矩阵
        x.append([1]*i)
    #计算杨辉三角矩阵的其他值
    for i in range(2,n):
        for j in range(1,i):
            x[i][j]=x[i-1][j-1]+x[i-1][j]
    #输出杨辉三角
    for i in range(n):
        if n<=10:print(' '*(40-4*i),end='')    #超过 10 阶时按左对齐输出
        for j in range(i+1):
            print('%-8d' % x[i][j],end='')
        print()
###独立运行测试代码开始###########################################################
if __name__=='__main__':
    print('模块独立自运行,10 阶杨辉三角如下：')
    yanghui(10)
```

（4）按【Ctrl+S】组合键保存程序文件，将文件命名为 practice6.py，并将其保存到系统的 D 盘根目录下。

（5）按【F5】键运行程序，IDLE 交互环境显示了运行结果，如图 6-9 所示。

（6）按【Windows+R】组合键打开 Windows 的运行对话框，输入 cmd 命令，再单击“确定”按钮运行，打开 Windows 命令提示符窗口。

（7）切换到 D 盘，在 D 盘根目录下执行“python practice6.py”命令运行程序，结果如图 6-10 所示。

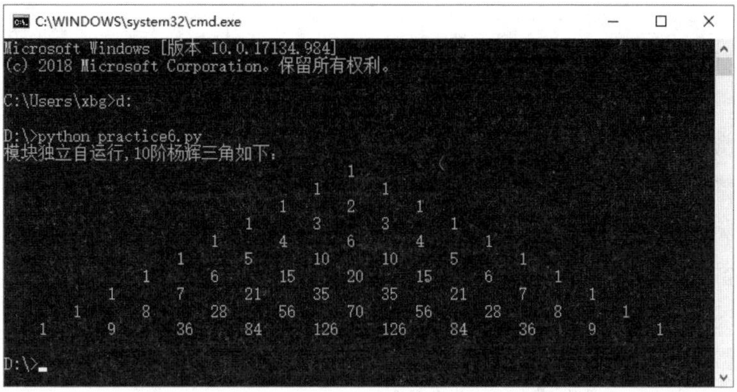

```
C:\WINDOWS\system32\cmd.exe
Microsoft Windows [版本 10.0.17134.984]
(c) 2018 Microsoft Corporation。保留所有权利。

C:\Users\xbg>d:

D:\>python practice6.py
模块独立自运行，10阶杨辉三角如下：
                                    1
                                1       1
                            1       2       1
                        1       3       3       1
                    1       4       6       4       1
                1       5      10      10       5       1
            1       6      15      20      15       6       1
        1       7      21      35      35      21       7       1
    1       8      28      56      70      56      28       8       1
1       9      36      84     126     126      84      36       9       1

D:\>
```

图 6-10　在 Windows 命令提示符窗口运行程序

（8）运行 python.exe，进入 Python 交互环境，导入 practice6.py 模块，调用函数 yanghui() 输出 8 阶杨辉三角。运行结果如图 6-11 所示。

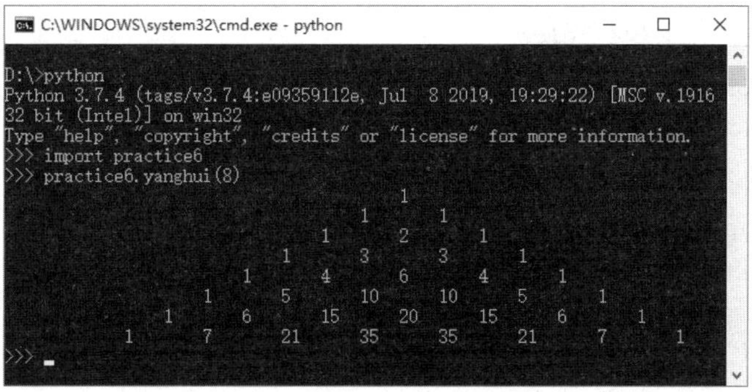

```
C:\WINDOWS\system32\cmd.exe - python
D:\>python
Python 3.7.4 (tags/v3.7.4:e09359112e, Jul  8 2019, 19:29:22) [MSC v.1916 32 bit (Intel)] on win32
Type "help", "copyright", "credits" or "license" for more information.
>>> import practice6
>>> practice6.yanghui(8)
                            1
                        1       1
                    1       2       1
                1       3       3       1
            1       4       6       4       1
        1       5      10      10       5       1
    1       6      15      20      15       6       1
1       7      21      35      35      21       7       1
>>>
```

图 6-11　导入模块后调用函数

小　结

本章主要介绍了函数、变量作用域、模块和模块包等内容。通过学习应掌握函数的定义、调用和参数传递，同时掌握 lambda 函数、递归函数和函数列表的使用。在定义和使用函数时，应注意函数内外变量的作用域，以及 global 和 nonlocal 语句的作用和区别。

模块通常用于定义公共的常量、函数以及类等，通过学习应掌握模块的导入和包的使用方法。

习　题

一、单项选择题

1. 下列关于函数的说法错误的是（　　）。

   A. 函数使用 def 语句完成定义

   B. 函数可以没有参数

   C. 函数可以有多个参数

D. 函数可以有多个返回值

2. 下列关于函数调用的说法错误的是（　　）。

A. 函数调用可以出现在任意位置

B. 函数也是一种对象

C. 可将函数名赋值给变量

D. 函数名也是一个变量

3. 下列关于变量的说法错误的是（　　）。

A. 函数内部是变量的本地作用域

B. 程序文件内部是变量的全局作用域

C. 默认情况下，全局变量可以在函数内部赋值

D. 在函数内部创建的变量，不能在函数外部使用

4. 下列关于模块的说法错误的是（　　）。

A. 模块需要导入后才能使用

B. 每次导入都会执行模块

C. 模块允许嵌套导入

D. “from…import *”语句不一定能导入模块的全部变量

5. 执行下面的语句后，输出结果是（　　）。

```
def func():
    global x
    x=200
x=100
func()
print(x)
```

A. 0　　B. 100　　C. 200　　D. 300

二、编程题

1. 定义一个 lambda 函数，从键盘输入 3 个整数，输出其中的最大值，程序运行示例代码如下。

```
请输入第 1 个数: 12
请输入第 2 个数: 5
请输入第 3 个数: 9
其中的最大值为: 12
```

2. 斐波那契数列（Fibonacci Sequence），又称黄金分割数列，由数学家列昂纳多 · 斐波那契以兔子繁殖为例子引入，故又称为“兔子数列”，指的是这样一个数列：0、1、1、2、3、5、8、13、21、34……在数学上，斐波纳契数列以如下递归的方法定义：F(0)=0，F(1)=1，F（n）=F(n−1)+F(n−2) (n≥2，n∈N*)。请定义一个函数返回斐波那契数列的第 n 项，并输出斐波那契数列的前 10 项。输出结果如下所示。

```
斐波那契数列的前 10 项:
0 1 1 2 3 5 8 13 21 34
```

3．定义一个函数列表，列表包含 3 个函数，分别用于完成两个整数的加法、减法和乘法运算。从键盘输入 2 个数，调用列表中的函数完成加法、减法和乘法运算。

4．创建一个程序文件 test6-4.py，在其中定义一个变量 data，同时定义一个函数 showdata()输出变量 data 的值。在 Python 交互环境中导入 test6-4.py，输出变量 data 的值。

5．将 test6-4.py 文件放在一个 Python 包中（如 D:\test6）。在 Python 交互环境中导入包 test6，输出变量 data 的值。

第 7 章

文件和数据组织

文件是保存于存储介质中的数据集合，按存储格式可将文件分为文本文件和二进制文件。Python 使用文件对象来读写文件，文件对象根据读写模式决定如何读取文件数据。本章将详细介绍文本文件、二进制文件和 CSV 文件的读写方法，并介绍数据组织维度的相关概念和数据处理方法。

知识要点

- 掌握文本文件的读写方法
- 掌握二进制文件的读写方法
- 掌握 CSV 文件的读写方法
- 掌握一维数据的处理方法
- 掌握二维数据的处理方法
- 掌握数据排序方法
- 掌握数据查找方法

7.1 文件

文件是操作系统管理和存储数据的一种方式。Python 使用文件对象来处理文件。

7.1.1 文件类型

通常，文件可分为文本文件和二进制文件。

7.1.1 文件类型

文本文件根据字符编码保存文本，常见字符编码包括 ASCII、UTF-8、GB2312 等。文本文件按字符读取文件，一个字符占用一个或多个字节。文本文件常用于保存字符组成的文本，整个文件可看作一个长字符串。

二进制文件存储的是数据的二进制代码（位 0 和位 1），即将数据在内存中的存储形式复制到文件中。二进制文件没有字符编码，文件的存储格式与用途无关。二进制文件通常用于保存图像、音频和视频等数据。图像、音频和视频有不同的编码格式，如 png 格式的图像、mp3 格式的音频、mp4 格式的视频等。二进制文件通常按字节读取文件。

Python 根据打开模式按文本文件或二进制文件格式读写文件中的数据。

例如，文本文件 data.txt 包含一个字符串“Python3 基础教程”。

按文本文件格式读取文件数据，示例代码如下。

```
>>> file=open('D:/data.txt','rt')          #打开文件
>>> print(file.readline())            #从文件读一行数据，输出
Python3 基础教程
>>> file.close()                      #关闭文件
```

按二进制文件格式读取文件数据，示例代码如下。

```
>>> file=open('D:/data.txt','rb')
>>> print(file.readline())
b'Python3\xbb\xf9\xb4\xa1\xbd\xcc\xb3\xcc'
>>> file.close()
```

按文本文件格式读取数据时，Python 会根据字符编码将数据解码为字符串，即将数据转换为有意义的字符。按二进制文件格式读取数据时，数据为字节流，Python 不执行解码操作，读取的数据作为 bytes 字符串，并按 bytes 字符串的格式输出。

7.1.2 打开和关闭文件

7.1.2 打开和关闭文件

可以使用 Python 内置的 open()函数来打开文件，并返回其关联的文件对象。open()函数的基本格式如下。

```
myfile = open(filename[,mode])
```

其中，myfile 为引用文件对象的变量，filename 为文件名字符串，mode 为文件读写模式。文件名可包含相对或绝对路径，省略路径时，Python 在当前工作目录中搜索文件。IDLE 的当前工作目录为 Python 安装目录。在 Windows 命令提示符窗口中执行 python.exe 进入交互环境或执行 Python 程序时，当前目录为 Python 的当前工作目录。

文件读写模式如下。

- “r”：只读模式，默认值。
- “w”：只写模式，创建新文件。若文件已存在，则原来的文件被覆盖。
- “a”：只写、追加模式。若文件存在，在文件末尾添加数据。文件不存在时会创建新文件。
- “x”：只写模式，创建新文件。若文件已存在，则报错。
- “t”：按文本格式读写文件数据，默认方式。
- “b”：按二进制格式读写文件数据。
- “+”：组合读写模式，同时进行读、写操作。

“t”“b”与“r”“w”“a”“x”可组合使用，“+”必须与“r”“w”“a”组合使用。

常用的文件读写模式组合如下。

- 省略读写模式：按文本格式从文件读取数据，等同于“rt”。例如，open('data.txt')。
- “rb”：按二进制格式从文件读取数据。例如，open('data.txt','rb')。
- “w”和“wt”：按文本格式向文件写入数据。例如，open('data.txt','w')。

- “r+”：按文本格式从文件读取数据，或向文件写入数据。例如，open('data.txt','r+')。
- “wb”：按二进制格式向文件写入数据。例如，open('data.txt','wb')。
- “rb+”：按二进制格式从文件读取数据，或向文件写入数据。例如，open('data.txt','rb+')。
- “a+”：按文本格式从文件读取数据，或向文件写入数据，写入的数据始终添加到文件末尾。例如，open('data.txt','a+')。
- “ab+”：按二进制格式从文件读取数据，或向文件写入数据，写入的数据始终添加到文件末尾。例如，open('data.txt','ab+')。

打开文件后，Python 用一个文件指针记录当前读写位置。以“w”或“a”模式打开文件时，文件指针指向文件末尾；以“r”模式打开文件时，文件指针指向文件开头。Python 始终在文件指针的位置读写数据，读取或写入一个数据后，根据数据长度，向后移动文件指针。

close()方法用于关闭文件，示例代码如下。

```
myfile.close()                          #关闭文件
```

通常，Python 使用内存缓冲区缓存文件数据。关闭文件时，Python 将缓存的数据写入文件，然后关闭文件，释放对文件的引用。程序运行结束时，Python 会自动关闭未使用的文件。

flush()方法可将缓冲区的内容写入文件，但不关闭文件，示例代码如下。

```
myfile.flush()
```

7.1.3 读写文本文件

文本文件相关的读写方法如下。

7.1.3 读写文本文件

- myfile.read()：将从文件指针位置开始到文件末尾的内容作为一个字符串返回。
- myfile.read(n)：将从文件指针位置开始的 n 个字符作为一个字符串返回。
- myfile.readline()：将从文件指针位置开始到下一个换行符号的内容作为一个字符串返回，读取内容包含换行符号。
- myfile.readlines()：将从文件指针位置开始到文件末尾的内容作为一个列表返回，每一行的字符串作为一个列表元素。
- myfile.write(xstring)：在文件指针位置写入字符串，返回写入的字符个数。
- myfile.writelines(xlist)：将列表中的数据合并为一个字符串写入到文件指针位置，返回写入的字符个数。
- myfile.seek(n)：将文件指针移动到第 n+1 个字节，0 表示指向文件开头的第一个字节。
- myfile.tell()：返回文件指针的当前位置。

文本文件按字符读取数据，如果文件包含 Unicode 字符，Python 会自动进行转换。文本文件中每行末尾以回车换行符号结束，在读取的字符串中，Python 用“\n”代替回车换行符号。二进制文件读取的回车换行符号为“\r\n”。

文本文件 code.txt 的数据如下，本节后面的内容将使用该文件说明如何读写文本文件。

```
one 第一行
two 第二行
```

```
three 第三行
```

1. 以“r”模式打开文件读数据

以“r”模式打开文件时，文件指针位于文件开头，只能从文件读取数据，示例代码如下。

例如：

```
>>> myfile=open(r'd:\code.txt')      #以默认只读方式打开文件
>>>x=myfile.read()                   #读文件全部内容到字符串
>>>x                                 #每行末尾的换行符号在字符串中为“\n”
'one 第一行\ntwo 第二行\nthree 第三行'
>>> print(x)                         #打印格式与原文件完全一致
one 第一行
two 第二行
three 第三行
>>> myfile.read()                    #文件指针已指向文件末尾，返回空字符串
''
>>> myfile.seek(0)                   #将文件指针移动到文件开头
0
>>> myfile.read(5)                   #读 5 个字符
'one 第一'
>>> myfile.tell()                    #返回文件指针的当前位置
7
>>> myfile.readline()                #读取从文件指针位置到当前行末尾的字符串
'行\n'
>>> myfile.readline()                #读下一行
'two 第二行\n'
>>> myfile.seek(0)
0
>>> myfile.readlines()               #读文件全部内容到列表
['one 第一行\n', 'two 第二行\n', 'three 第三行']
>>> myfile.seek(0)
0
>>> for x in myfile:print(x)         #以迭代方式读文件
…
one 第一行
                                     #请思考两行数据之间为什么有一个空行?
two 第二行

three 第三行
>>> myfile.close()                   #关闭文件
```

2. 以“r+”模式打开文件

以“r+”模式打开文件时，文件操作具有下列特点。

- 可从文件读取数据，也可向文件写入数据。
- 刚打开文件时，文件指针指向文件开头。
- 在执行完读操作后，立即执行写操作时，不管文件指针的位置在哪里，都将数据写入文件末尾。

- 要在特定位置写入数据，需要先执行 seek()函数指定文件指针的位置，然后写入数据。

示例代码如下。

```
>>> myfile=open(r'd:\code.txt','r+')
>>> myfile.write('oneline')          #写入字符串，此时写入到文件开头，覆盖原数据
7
>>> myfile.seek(0)                   #定位文件指针到文件开头
0
>>> myfile.read()                    #读取全部数据
'oneline 行\ntwo 第二行\nthree 第三行'
>>> myfile.seek(7)                   #将文件指针指向第 8 个字节（位置为 7）
7
>>> myfile.write('123456')           #写入数据，会覆盖原第一行末尾的换行符号
6
>>> myfile.seek(0)                   #定位文件指针到文件开头
0
>>> myfile.read()                    #读取数据，查看前面写入的数据
'oneline123456o 第二行\nthree 第三行'
>>> myfile.seek(0)                   #定位文件指针到文件开头
0
>>> myfile.read(5)                   #读取 5 个字符
'oneli'
>>> myfile.tell()                    #查看文件指针的位置
5
>>> myfile.write('xxx')              #读取数据后立即写入，数据写入文件末尾
3
>>> myfile.seek(0)                   #定位文件指针到文件开头
0
>>> myfile.read()                    #读取数据，查看前面写入的数据，“xxx”在文件末尾
'oneline123456o 第二行\nthree 第三行 xxx'
>>> myfile.close()                   #关闭文件
```

3. 以“w”模式打开文件

以“w”模式打开文件时，会创建一个新文件。如果存在同名文件，原来的文件会被覆盖。所以，使用“w”模式打开文件时应特别小心。以“w”模式打开文件时，只能向文件写入数据。

示例代码如下。

```
>>> myfile=open(r'd:\code2.txt','w')
>>> myfile.write('one\n')                  #将字符串写入文件
4
>>> myfile.writelines(['1','2','abc'])  #将列表写入文件，列表对象必须都是字符串
>>> myfile.close()                         #关闭文件
>>> myfile=open(r'd:\code2.txt')           #重新打开文件，读取前面写入的数据
>>> myfile.read()
'one\n12abc'
>>> myfile.close()                         #关闭文件
```

在向文本文件写入需要换行的数据时，应在字符串末尾嵌入“\n”，否则数据不会换行。

4. 以“w+”模式打开文件

以“w+”模式打开文件时，允许同时读写文件，示例代码如下。

```
>>> myfile=open(r'd:\code2.txt','w+')
>>> myfile.read()                        #新建文件，其中没有数据，返回空字符串
''
>>> myfile.write('one\n')                #将字符串写入文件
4
>>> myfile.writelines([1,2,'abc'])
>>> myfile.seek(0)                       #将文件指针移动到文件开头
0
>>> myfile.readline()                    #读第 1 行
'one\n'
>>> myfile.readline()                    #读第 2 行
'12abc'
>>> myfile.readline()                    #已经到文件末尾，返回空字符串
''
>>> myfile.seek(4)                       #将文件指针移动到第 4 个字节之后
4
>>> myfile.write('xxxxxxx')              #将字符串写入文件
7
>>> myfile.seek(0)                       #将文件指针移动到文件开头
0
>>> myfile.read()                        #读取全部数据
'one\nxxxxxxx'
>>> myfile.close()                       #关闭文件
```

5. 以“a”模式打开文件

以“a”模式打开文件时，只能向文件写入数据，文件打开时文件指针指向文件末尾，向文件写入的数据始终添加到文件末尾。

示例代码如下。

```
>>> myfile=open(r'd:\code2.txt','a')
>>> myfile.write('\n123456')             #将字符串写入文件
7
>>> myfile.seek(4)
4
>>> myfile.write('*****')                #虽然文件指针指向第 5 个字符，但仍写入文件末尾
5
>>> myfile=open(r'd:\code2.txt')         #重新以只读方式打开文件
>>> print(myfile.read())                 #查看读取的数据
one
xxxxxxx
123456*****
>>> myfile.close()                       #关闭文件
```

6. 以 a+” 模式打开文件

“a+” 与 “a” 模式的唯一区别是前者除了允许写入数据，还可以读取文件数据，示例代码如下。

```
>>> myfile=open(r'd:\code2.txt','a+')
>>> myfile.tell()                          #查看文件指针的位置，此时应为文件末尾
25
>>> myfile.write('\n 新添加的数据')           #将字符串写入文件
7
>>> myfile.seek(0)                         #将文件指针移动到文件开头
0
>>> print(myfile.read())                   #打印读取的文件内容
one
xxxxxxx
123456*****
新添加的数据
>>> myfile.seek(5)                         #将文件指针移动到第 5 个字符之后
5
>>> myfile.write('newdata')                #将字符串写入文件
7
>>> myfile.seek(0)                         #将文件指针移动到文件开头
0
>>> print(myfile.read())                   #打印读取的数据，查看前面写入的“newdata”的位置
one
xxxxxxx
123456
新添加的数据 newdata
>>> myfile.close()                         #关闭文件
```

7.1.4 读写二进制文件

7.1.3 节中讲述的文本文件的各种读写方法均可用于二进制文件，区别在于：二进制文件读写的是 bytes 字符串。例如，下面的代码先以“wb”模式创建一个二进制文件，然后分别用“r”和“rb”模式打开文件，读取文件内容。

7.1.4 读写二进制文件

```
>>> myfile=open(r'd:\code3.txt','wb')     #创建二进制文件
>>> myfile.write('aaaaa')                 #出错，二进制文件只能写入 bytes 字符串
Traceback (most recent call last):
  File "<stdin>", line 1, in <module>
TypeError: a bytes-like object is required, not 'str'
>>> myfile.write(b'aaaaa')                #正确，将 bytes 字符串写入文件
5
>>> myfile.write(b'\nbbbb')
5
>>> myfile.close()                        #关闭文件
>>> myfile=open(r'd:\code3.txt','r')
>>> print(myfile.read())                  #打印读取的文件的全部内容
aaaaa
```

```
bbbb
>>> myfile=open(r'd:\code3.txt','rb')
>>> print(myfile.read())                   #打印读取的文件的全部内容
b'aaaaa\nbbbb'
>>> myfile.close()                         #关闭文件
```

7.1.5 用文件存储对象

7.1.5 用文件存储对象

用文本文件或二进制文件格式直接存储 Python 中的各种对象，通常需要进行繁琐的转换。可以使用 Python 标准模块 pickle 处理文件中对象的读写，示例代码如下。

```
>>> x=[1,2,'abc']                          #创建列表对象
>>> y={'name':'John','age':25}             #创建字典对象
>>> myfile=open(r'd:\objdata.bin','wb')
>>> import pickle                          #导入 pickle 模块
>>> pickle.dump(x,myfile)                  #将列表对象写入文件
>>> pickle.dump(y,myfile)                  #将字典对象写入文件
>>> myfile.close()                         #关闭文件
>>> myfile=open(r'e:\pytemp\objdata.bin','rb')
>>> myfile.read()                          #直接读取文件中的全部内容，查看其内容
b'\x80\x03]q\x00(K\x01K\x02X\x03\x00\x00\x00abcq\x01e.\x80\x03}q\x00(X\x03\x00\x00\x00ageq\x01K\x1
9X\x04\x00\x00\x00nameq\x02X\x04\x00\x00\x00Johnq\x03u.'
>>> myfile.seek(0)                         #将文件指针移动到文件开头
0
>>> x=pickle.load(myfile)                  #从文件读取对象
>>> x
[1, 2, 'abc']
>>> x=pickle.load(myfile)                  #从文件读取对象
>>> x
{'age': 25, 'name': 'John'}
```

用文件来存储程序中的各种对象称为对象的序列化。序列化操作可以保存程序运行中的各种数据，以便恢复运行状态。

7.1.6 目录操作

7.1.6 目录操作

文件操作通常都会涉及到目录操作。目录是一种特殊的文件，它存储当前目录中的子目录和文件的相关信息。

Python 的 os 模块提供了目录操作函数，使用之前应先导入该模块，示例代码如下。

```
import os
```

os 模块中的常用函数如下。

1. os.getcwd()

该方法返回 Python 的当前工作目录，示例代码如下。

```
>>> os.getcwd()
'D:\\pytemp'
```

2. os.mkdir()

该方法用于创建子目录，示例代码如下。

```
>>> os.mkdir('temp')                    #在当前目录中创建子目录
>>> os.mkdir('d:\ptem\test')            #在绝对路径 d:\ptem 中创建子目录 test
```

3. os.rmdir()

该方法用于删除指定的空子目录，示例代码如下。

```
>>> os.rmdir('temp')                    #删除当前目录的子目录
>>> os.rmdir('d:\ptem\test')            #删除绝对路径中的子目录 test
```

os.rmdir()只能删除空的子目录，删除非空子目录时会出错，示例代码如下。

```
>>> os.rmdir('pycode')
Traceback (most recent call last):
  File "<stdin>", line 1, in <module>
OSError: [WinError 145] 目录不是空的。: 'pycode'
```

4. os.listdir()

该方法返回指定目录包含的子目录和文件名称，示例代码如下。

```
>>> os.listdir()                        #列出当前目录内容
['code2.txt', 'pycode', 'temp']
>>> os.listdir('d:\ptem')               #列出指定目录内容
['test', 'test.py']
```

5. os.chdir()

该方法用于改变当前目录，示例代码如下。

```
>>> os.getcwd()                         #查看当前目录
'D:\\pytemp'
>>> os.mkdir('tem')                     #在当前目录中创建子目录
>>> os.chdir('tem')                     #切换当前目录
>>> os.getcwd()                         #查看新的当前目录
'D:\\pytemp\\tem'
>>> os.chdir('d:\ptem')                 #用绝对路径指定要切换的目录
>>> os.getcwd()
'd:\\ptem'
>>> os.chdir('c:/')                     #切换到其他磁盘的目录
>>> os.getcwd()
'c:\\'
```

6. os.rename()

该方法用于修改文件的名称，示例代码如下。

```
>>> os.rename(r'd:\ptem\test.py','d:\ptem\code.py')
```

7. os.remove()

该方法用于删除指定的文件，示例代码如下。

```
>>> os.remove('d:\ptem\code.py')
```

7.2 读写 CSV 文件

7.2.1 CSV 文件的基本概念

7.2.1 CSV 文件的基本概念

CSV 指 Comma-Separated Values，即逗号分隔值。CSV 文件也是文本文件，其存储使用特定分隔符分隔的数据。分隔符可以是逗号、空格、制表符、其他字符或字符串。例如，下面的内容是一个典型的 CSV 文件内容。

```
专业名称,层次,科类
工程造价,高起专,文科
工商企业管理,高起专,文科
建筑工程技术,高起专,理科
工程造价,高起专,理科
汽车服务工程,专升本,理工类
```

可用 Windows 记事本创建该文件，保存时使用 UTF-8 编码格式。使用 open()函数打开文件时，应用“encoding='utf-8'”作为参数指定编码格式，以使 Python 程序正确读取其中的汉字。也可以使用 Excel 打开、查看和编辑 CSV 文件中的数据。

CSV 文件通常由多个记录组成，第 1 行通常为记录的各个字段名称，第 2 行开始为记录数据。每条记录包含相同的字段，字段之间用分隔符分隔。

可以使用 open()函数打开 CSV 文件，按文本文件方式读写 CSV 数据。采用这种方式需要将读取的每行字符串转换成字段数据，写入时需要添加分隔符。

Python 的 csv 模块提供了 CSV 文件读写功能。

7.2.2 读 CSV 文件数据

7.2.2 读 CSV 文件数据

csv 模块提供了两种读取器对象来读取 CSV 文件数据：常规读取器和字典读取器。

1. 使用常规读取器

csv 模块中的 reader()函数用于创建常规读取器对象，其基本格式如下。

```
csvreader = csv.reader(csvfile, delimiter='分隔符')
```

其中，变量 csvreader 用于引用读取器对象；csvfile 是 open()函数返回的文件对象；delimiter 参数指定 CSV 文件使用的数据分隔符，默认为逗号。

常规读取器对象是一个可迭代对象，其每次迭代返回一个包含一行数据的列表，列表元素对应 CSV 记录的各个字段。可用 for 循环或 next()函数迭代常规读取器对象。

示例代码如下。

```
>>> import csv
>>> csvfile=open(r'd:\招生专业.csv',encoding='utf-8')
>>> csvreader=csv.reader(csvfile)              #创建读取器对象
>>> for row in csvreader:                      #用循环迭代读取 CSV 文件
...     print(row)                             #输出包含 CSV 文件数据行的列表
```

```
...
['专业名称', '层次', '科类']
['工程造价', '高起专', '文科']
['工商企业管理', '高起专', '文科']
['建筑工程技术', '高起专', '理科']
['工程造价', '高起专', '理科']
['汽车服务工程', '专升本', '理工类']
>>> csvfile.seek(0)                           #将文件指针移动到文件开头
0
>>> next(csvreader)                           #使用 next()函数迭代读取 CSV 文件
['专业名称', '层次', '科类']
>>> next(csvreader)
['工程造价', '高起专', '文科']
>>> next(csvreader)
['工商企业管理', '高起专', '文科']
>>> csvfile.close()                           #关闭文件
```

2. 使用字典读取器

csv 模块中的 DictReader()函数用于创建字典读取器对象，其基本格式如下。

```
csvreader = csv.DictReader(csvfile)
```

其中，变量 csvreader 用于引用读取器对象，csvfile 是 open()函数返回的文件对象。

字典读取器对象是一个可迭代对象，每次迭代返回一个包含一行数据的排序字典对象（OrderedDict，即排好序的字典对象）。字典读取器对象默认将 CSV 文件的第 1 行作为字段名称，将字段名称作为字典中的键。CSV 文件中第 2 行开始的每行数据按顺序作为键映射的值。可用 for 循环或 next()函数迭代字典读取器对象。

示例代码如下。

```
>>> import csv
>>> csvfile=open(r'd:\招生专业.csv',encoding='utf-8')
>>> csvreader=csv.DictReader(csvfile)         #创建读取器对象
>>> for row in csvreader:                     #用循环迭代读取 CSV 文件
...     print(row)                            #输出包含 CSV 文件数据行的字典对象
...
OrderedDict([('专业名称', '工程造价'), ('层次', '高起专'), ('科类', '文科')])
OrderedDict([('专业名称', '工商企业管理'), ('层次', '高起专'), ('科类', '文科')])
OrderedDict([('专业名称', '建筑工程技术'), ('层次', '高起专'), ('科类', '理科')])
OrderedDict([('专业名称', '工程造价'), ('层次', '高起专'), ('科类', '理科')])
OrderedDict([('专业名称', '汽车服务工程'), ('层次', '专升本'), ('科类', '理工类')])
>>> csvfile.seek(0)
0
>>> for row in csvreader:
...   print(row['专业名称'],row['层次'],row['科类'],sep='\t')#用“键”索引输出数据
...
专业名称        层次    科类
工程造价        高起专  文科
```

```
工商企业管理      高起专   文科
建筑工程技术      高起专   理科
工程造价          高起专   理科
汽车服务工程      专升本   理工类
>>> csvfile.seek(0)
0
>>> next(csvreader)                                         #用 next()函数迭代
OrderedDict([('专业名称', '专业名称'), ('层次', '层次'), ('科类', '科类')])
>>> next(csvreader)
OrderedDict([('专业名称', '工程造价'), ('层次', '高起专'), ('科类', '文科')])
>>> row=next(csvreader)
>>> print(row['专业名称'],row['层次'],row['科类'])
工商企业管理 高起专 文科
>>> csvfile.close()
```

7.2.3 将数据写入 CSV 文件

7.2.3 将数据写入 CSV 文件

可使用常规写对象或字典写对象向 CSV 文件写入数据。

1. 用常规写对象写数据

常规写对象由 csv.writer()函数创建，其基本格式如下。

```
csvwriter=csv.writer(csvfile)
```

其中，变量 csvwriter 用于引用写对象，csvfile 是 open()函数返回的文件对象。写对象的 writerow()方法用于向 CSV 文件写入一行数据，其基本格式如下。

```
csvwriter.writerow(data)
```

其中，data 是一个列表对象，其包含一行 CSV 数据。将数据写入 CSV 后，writerow()方法会在每行数据末尾添加两个换行符号。

示例代码如下。

```
>>> import csv
>>> csvfile=open('d:/csvdata2.txt','w')                    #打开文件
>>> csvwriter=csv.writer(csvfile)                          #创建常规写对象
>>> csvwriter.writerow(['xm','sex','age'])                 #写入字段标题
12
>>> csvwriter.writerow(['张三','男','25'])                  #写入数据行
9
>>> csvwriter.writerow(['韩梅梅','女','18'])                #写入数据行
10
>>> csvfile.close()                                        #关闭文件
>>> csvfile=open('d:/csvdata2.txt')#以只读模式打开文件
>>> csvfile.read()                                         #读取全部数据，注意每行末尾有两个换行符号
'xm,sex,age\n\n张三,男,25\n\n韩梅梅,女,18\n\n'
>>> csvfile.seek(0)
0
>>> print(csvfile.read())#打印文件数据，因为每行末尾有两个换行符号，所以有空行出现
```

```
xm,sex,age

张三,男,25

韩梅梅,女,18
```

2. 用字典写对象向 CSV 文件写入数据

字典写对象由 csv.DictWriter()函数创建，其基本格式如下。

```
csvwriter= csv.DictWriter(csvfile, fieldnames=字段名列表)
```

其中，变量 csvwriter 用于引用写对象，csvfile 是 open()函数返回的文件对象。参数 fieldnames 用列表指定字段名，它决定将字典写入 CSV 文件时，键值对中的各个值的写入顺序。

字典写对象的 writerow()方法用于向 CSV 文件写入一行数据，其基本格式如下。

```
csvwriter.writerow(data)
```

其中，data 是一个字典对象，其包含一行 CSV 数据。

示例代码如下。

```
>>> import csv
>>> csvfile=open('d:/csvdata2.txt','w')                        #打开文件
>>> csvwriter=csv.DictWriter(csvfile,fieldnames=['xm','sex','age'])#创建字典写对象
>>> csvwriter.writeheader()                                     #写入字段名
>>> csvwriter.writerow({'xm':'韩梅梅','sex':'女','age':'18'})     #写数据
10
>>> csvwriter.writerow({'xm':'Mike','sex':'male','age':'20'})   #写数据
14
>>> csvfile.close()
>>> csvfile=open('d:/csvdata2.txt')                             #以只读模式打开文件
>>> csvfile.read()                                              #读取数据并进行查看
'xm,sex,age\n\n韩梅梅,女,18\n\nMike,male,20\n\n'
```

7.3 数据组织的维度

7.3.1 基本概念

计算机在处理数据时，总是按一定的格式来组织数据，以便提高处理效率。数据的组织格式表明数据之间的基本关系和逻辑，进而形成"数据组织的维度"。根据数据关系的不同，可将数据组织分为一维数据、二维数据和高维（或多维）数据。

7.3.1 基本概念

1. 一维数据

一维数据由具有对等关系的有序或无序的数据组成，采用线性方式组织。数学中的集合和数组就是典型的一维数据。例如，下面的一组专业名称就属于一维数据。

```
计算机应用，工程造价，会计学，影视动画
```

2. 二维数据

二维数据也称为表格数据，由具有关联关系的数据组成，采用二维表格组织数据。数学中的矩阵、二维表格都属于二维数据。例如，表 7-1 成绩表是一组二维数据。

表 7-1 成绩表

姓名	语文	数学	物理
小明	80	85	90
韩梅梅	97	87	90
李雷	88	90	70

3. 高维数据

维度超过二维的数据都称为高维数据。例如，为表 7-1 中的成绩表加上学期，表示学生每学期的各科成绩，则构成三维数据。再加上学校信息，表示多个学校的学生在每个学期的各科成绩，则构成四维数据。

高维数据在 Web 系统中十分常见，例如，XML、JSON、HTML 等格式均可用于表示高维数据。

高维数据通常使用 JSON 字符串表示，可以多层嵌套。例如，下面的 JSON 字符串是两个学期的学生课程成绩数据。

```
{
    "第一学期":[
        {"姓名":"小明","语文":80, "数学":85, "物理":90},
        {"姓名":"韩梅梅","语文":97, "数学":87, "物理"90:},
        {"姓名":"李雷","语文":88, "数学":90, "物理":70} ],
    "第二学期":[
        {"姓名":"小明","语文":89, "数学":78, "物理":97},
        {"姓名":"韩梅梅","语文":77, "数学":88, "物理":89},
        {"姓名":"李雷","语文":97, "数学":76, "物理":88} ],
}
```

7.3.2 一维数据的处理

一维数据是简单的线性结构，在 Python 中可用列表表示，示例代码如下。

7.3.2 一维数据的处理

```
>>> 专业=['计算机应用','工程造价','会计学','影视动画']
>>> print(专业)
['计算机应用', '工程造价', '会计学', '影视动画']
>>> 专业[0]
'计算机应用'
```

一维数据可使用文本文件进行存储，文件可使用空格、逗号、分号等作为数据的分隔符，示例代码如下。

```
计算机应用 工程造价 会计学 影视动画
计算机应用,工程造价,会计学,影视动画
计算机应用;工程造价;会计学;影视动画
```

在将一维数据写入文件时，除了写入数据之外，还需要额外写入分隔符。在从文件读取数据时，需使用分隔符来分解字符串，示例代码如下。

```
>>> file=open(r'd:\data1.txt','w')                    #打开文本文件
>>>专业=['计算机应用','工程造价','会计学','影视动画']    #用列表表示一维数据
>>> for n in range(len(专业)-1):                       #将最后一个数据之前的数据写入文件
...     file.write(专业[n])                            #写入数据
...     file.write(' ')                                #写入分隔符
...
5
1
4
1
3
1
>>> file.write(专业[n+1])                              #写入最后一个数据
4
>>> file=open(r'd:\data1.txt')                         #重新打开文件
>>> print(file.read())                                 #输出从文件读取的数据
计算机应用 工程造价 会计学 影视动画
>>> file.seek(0)
0
>>> zy=file.read()                                     #将文件数据读出，存入字符串
>>> zy
'计算机应用 工程造价 会计学 影视动画'
>>> data=zy.split(' ')                                 #将字符串解析为列表，还原数据
>>> data
['计算机应用', '工程造价', '会计学', '影视动画']
```

7.3.3 二维数据的处理

二维数据可看作是嵌套的一维数据，即一维数据的每个数据项为一组一维数据。可用列表来表示二维数据，示例代码如下。

7.3.3 二维数据的处理

```
>>> scores=[['姓名','语文','数学','物理'], ['小明',80,85,90],['韩梅梅',97,87,90],['李雷',88,90,70]]
```

可使用 CSV 文件存储二维数据，从文件读取二维数据时，应注意文件末尾的换行符的处理，示例代码如下。

```
>>> scores=[['姓名','语文','数学','物理'],
...         ['小明',80,85,90],
...         ['韩梅梅',97,87,90],
...         ['李雷',88,90,70]]
>>>
>>> import csv
>>> file=open(r'd:\scores_data.txt','w+')      #打开存储二维数据的文件
>>> writer=csv.writer(file)                    #创建 CSV 文件写对象
```

```
>>> for row in scores:
...   writer.writerow(row)                      #将二维数据中的一行写入文件
...
13
13
14
13
>>> file.seek(0)
0
>>> print(file.read())                          #输出从文件读取的数据
姓名,语文,数学,物理

小明,80,85,90

韩梅梅,97,87,90

李雷,88,90,70

>>> data=[]                                     #创建空列表，存储从文件读取的二维数据
>>> file.seek(0)                                #将文件指针移动到文件开头
0
>>> reader=CSV reader(file)
>>> for row in reader:
...   if len(row)>0:
...     data.append(row)                        #将非空行的数据加入列表
...
>>> data                                        #查看还原的二维数据
[['姓名', '语文', '数学', '物理'], ['小明', '80', '85', '90'], ['韩梅梅', '97', '87', '90'], ['李雷',
'88', '90', '70']]
>>> for row in data:
...   print('%8s\t%s\t%s\t%s' % (row[0],row[1],row[2],row[3]))#数据格式化输出
...
      姓名    语文    数学    物理
      小明    80      85      90
    韩梅梅    97      87      90
      李雷    88      90      70
```

7.3.4 数据排序

常见的排序方法有选择排序、冒泡排序和插入排序。Python 列表的 sort()方法和内置的 sorted()函数均可用于排序，本节从算法的角度讲解各种常见的排序方法。

7.3.4 数据排序

1. 选择排序

选择排序的基本原理：将 n 个数按从小到大排序。首先从 n 个数中选出最小的数，将其与第 1 个数交换；然后对剩余的 n–1 个数采用同样的处理方法，这样经过 n–1 轮完成排序。

示例代码如下。

```
#随机生成 10 个 100 以内的两位整数，使用选择法按从小到大的顺序排序
import random
data=[]
n=10                                  #设置要处理的数据个数
for i in range(n):                    #使用随机函数生成待排序的数据
  data.append(random.randint(10,99))
print('排序前: ',end='  ')
for a in data:                        #输出排序前的数据
  print(a,end='  ')
print()
for i in range(n-1):                  #n 个数据，需要选择 n-1 轮
  k=i                                 #第 i 轮开始时，假设第 i 个数最小
  for j in range(i+1,n):              #依次将剩下的数与已找到的最小数比较，找到更小的数
    if data[j]<data[k]:
      k=j                             #记录找到的更小数的位置
  #第 i 轮比较完，找到的当前最小数的位置在 k 中，执行交换
  if i!=k:
    t=data[i]
    data[i]=data[k]
    data[k]=t
print('排序后: ',end='  ')
for a in data:                        #输出排序后的数据
  print(a,end='  ')
```

程序运行输出结果如下。

```
排序前: 51  83  59  51  23  76  19  93  43  54
排序后: 19  23  43  51  51  54  59  76  83  93
```

2. 冒泡排序

冒泡排序的基本原理：将 n 个数按从小到大排序。首先，依次比较相邻的两个数，如果后面的数更小，则交换两个数的位置，经过这样一轮处理，最大的数据到达队列的最后；然后对剩余的前 n-1 个数采用同样的处理方法，这样经过 n-1 轮完成排序。

示例代码如下。

```
#随机生成 10 个 100 以内的两位整数，使用冒泡法按从小到大的顺序排序
import random
data=[]
n=10                                  #设置要处理的数据个数
for i in range(n):                    #使用随机函数生成待排序的数据
  data.append(random.randint(10,99))
print('排序前: ',end='')
for a in data:                        #输出排序前的数据
  print(a,end='  ')
print()
```

```
for i in range(n-1):                 #n 个数据，需要选择 n-1 轮，i 取 0、1、2……n-2
  for j in range(n-i-1):
    if data[j]>data[j+1]:            #比较相邻的两个数，满足条件则交换位置
      t=data[j]
      data[j]=data[j+1]
      data[j+1]=t
print('排序后：',end='')
for a in data:                       #输出排序后的数据
  print(a,end='  ')
```

程序运行输出结果如下。

```
排序前：32  61  63  30  94  51  47  83  41  74
排序后：30  32  41  47  51  61  63  74  83  94
```

3. 插入排序

插入排序的基本原理：对 *n* 个数按从小到大排序。将第 1 个数放入新列表，然后依次将剩余的 *n*-1 个数插入新列表。每次在新列表中插入数据时，先查找应插入的位置，然后再插入数，保证新列表中的数始终按从小到大的顺序排列。

示例代码如下。

```
#随机生成 10 个 100 以内的两位整数，使用插入法按从小到大的顺序排序
import random
data=[]
n=10                                  #设置要处理的数据个数
for i in range(n):                    #使用随机函数生成待排序的数据
  data.append(random.randint(10,99))
print('排序前：',end='  ')
for a in data:                        #输出排序前的数据
  print(a,end='  ')
print()
data2=[data[0]]                       #将第 1 个数放入新列表
for i in range(1,n):                  #依次插入剩余的 n-1 个数，需要选择 n-1 轮
  k=i                                 #设置默认插入位置为 i
  for j in range(len(data2)):         #在新列表 data2 中查找插入位置
    if data[i]<data2[j]:
      k=j                             #记录找到的插入位置
      break
  data2.insert(k,data[i])             #插入第 i 个数据
print('排序后：',end='  ')
for a in data2:                       #输出排序后的数据
  print(a,end='  ')
```

程序运行输出结果如下。

```
排序前：  19  60  85  42  14  14  11  13  29  22
排序后：  11  13  14  14  19  22  29  42  60  85
```

7.3.5 数据查找

7.3.5 数据查找

常见的数据查找方法有顺序查找和二分法查找。

1. 顺序查找

基本原理：在线性表中按顺序查找指定元素。

示例代码如下。

```
#随机生成 10 个 100 以内的整数，在其中查找输入的数据，输出其位置
import random
data=[]
for i in range(10):                        #使用随机函数生成数据
  data.append(random.randrange(100))
print('数据：',end='  ')
for a in data:                             #输出数据
  print(a,end='  ')
print()
x=eval(input('请输入一个要查找的数据：'))
k=False
for i in range(len(data)):                 #按顺序查找
    if x==data[i]:
      print('%s 是第%s 个数据'%(x,i+1))
      k=True
      break
if k==False:
  print('不包含%s'%x)
```

2. 二分法查找

基本原理：二分法查找适用于有序的线性表。假设线性表 data 中第一个元素的位置为 start，最后一个元素的位置为 end，在其中查找 x。查找的基本步骤如下。

（1）计算 mid=(start+end)/2，mid 取整数。

（2）如果 x 等于 data[mid]，则找到 x，结束查找。

（3）如果 x 小于 data[mid]，令 end=mid-1。如果 end<start，表示线性表不包含 x，结束查找，否则返回（1）。

（4）如果 x 大于 data[mid]，令 start=mid+1。如果 end<start，表示线性表不包含 x，结束查找，否则返回（1）。

示例代码如下。

```
#随机生成 10 个 100 以内的整数,在其中查找输入的数据，输出其位置
import random
data=[]
for i in range(10):                        #使用随机函数生成数据
  data.append(random.randrange(100))
data.sort()                                #排序
print('数据：',end='  ')
```

```
for a in data:                              #输出数据
  print(a,end='  ')
print()
x=eval(input('请输入一个要查找的数据：'))
start=0
end=len(data)-1
mid=(start+end)//2
while start<=end:
  if data[mid]==x:
    print('%s 是第%s 个数据'%(x,mid+1))
    break
  else:
    if x<data[mid]:
      end=mid-1
    else:
      start=mid+1
  mid=(start+end)//2
if start>end:
  print('不包含%s'%x)
```

程序运行结果如下。

```
数据：  14  26  32  33  44  45  49  52  74  80
请输入一个要查找的数据：45
45 是第 6 个数据

数据：  8  8  12  13  15  39  41  80  81  98
请输入一个要查找的数据：6
不包含 6
```

7.4 综合实例

本节实例在 IDLE 创建一个 Python 程序，将用户的 id 和密码以字典对象的格式存入文件，然后从文件读取数据，验证输入的 id 和密码是否正确。具体操作步骤如下。

7.4　综合实例

（1）在 Windows 开始菜单中选择“Python 3.5\IDLE”命令，启动 IDLE 交互环境。

（2）在 IDLE 交互环境中选择“File\New”命令，打开源代码编辑器。

（3）在源代码编辑器中输入下面的代码。

```
'''
用文件存储用户的 id 和密码，每个用户的数据为一个字典对象
使用列表保存所有用户的数据。
'''
users=[]                                          #创建一个空列表
users.append({'id':'admin','pwd':'135@$^'})       #添加用户数据
```

```
users.append({'id':'guest','pwd':'123'})
users.append({'id':'python','pwd':'123456'})
myfile=open(r'd:\userdata.bin','wb')                    #打开保存用户数据的文件
import pickle
pickle.dump(users,myfile)                               #将用户数据写入文件
myfile.close()                                          #关闭文件
print('账户信息已经写入文件 d:\\userdata.bin')
myfile=open(r'd:\userdata.bin','rb')                    #重新打开文件
data=pickle.load(myfile)                                #读取文件中的数据
while True:
    id=input('请输入用户 ID ，输入-1 可退出程序：')
    if id=='-1':
        print('你已退出程序')
        break
    idok=False
    temp=""
    for user in data:
        if id==user['id']:
            idok=True
            temp=user
            break
    if not idok:
        print('用户 ID 错误')
        continue
    pwd=input('请输入密码 ，输入-1 可退出程序：')
    if id=='-1':
        print('你已退出程序')
        break
    if temp['pwd']!=pwd:
        print('密码错误')
    else:
        print('恭喜你通过了身份验证')
```

（4）按【Ctrl+S】组合键保存程序文件，将文件命名为 practice7.py。

（5）按【F5】键运行程序，IDLE 交互环境显示了运行结果，如图 7-1 所示。

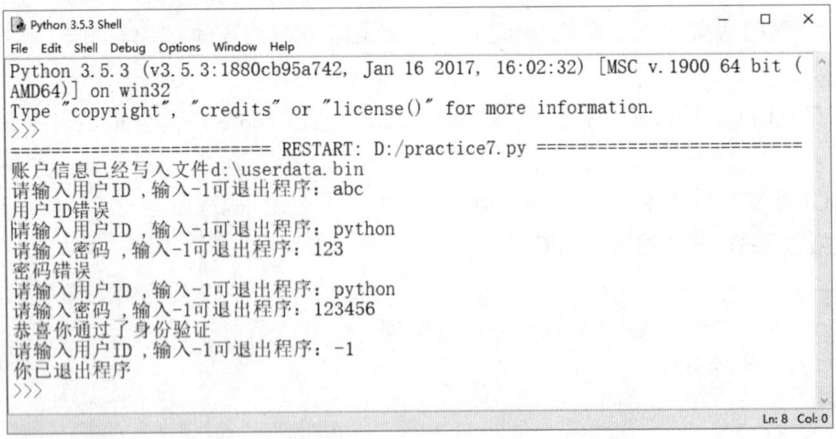

```
Python 3.5.3 Shell
File  Edit  Shell  Debug  Options  Window  Help
Python 3.5.3 (v3.5.3:1880cb95a742, Jan 16 2017, 16:02:32) [MSC v.1900 64 bit (
AMD64)] on win32
Type "copyright", "credits" or "license()" for more information.
>>>
========================== RESTART: D:/practice7.py ==========================
账户信息已经写入文件d:\userdata.bin
请输入用户ID ，输入-1可退出程序：abc
用户ID错误
请输入用户ID ，输入-1可退出程序：python
请输入密码 ，输入-1可退出程序：123
密码错误
请输入用户ID ，输入-1可退出程序：python
请输入密码 ，输入-1可退出程序：123456
恭喜你通过了身份验证
请输入用户ID ，输入-1可退出程序：-1
你已退出程序
>>>
Ln: 8  Col: 0
```

图 7-1　程序执行结果

小　结

本章主要介绍了文件和数据组织维度等相关知识。正确处理文件首先需要理解文本文件与二进制文件的区别。按文本文件格式读写文件时，读写的数据为字符串；按二进制文件格式读写文件时，读写的数据为 bytes 字符串。在使用 open()函数打开文件时，应注意各种打开模式之间的区别。

常用的数据组织方式为一维数据和二维数据，可使用列表来表示一维和二维数据。持久保存数据应使用文件，文件中一维数据和二维数据的存储格式可根据实际需要来决定，一般使用 CSV 格式。

习　题

一、单项选择题

1. 下列关于文件的说法错误的是（　　）。
   A. 文件使用之前必须将其打开
   B. 文件使用完之后应将其关闭
   C. 文本文件和二进制文件读写时使用文件对象的相同方法
   D. 访问已关闭的文件会自动打开该文件
2. 下列选项中不能从文件读取数据的是（　　）。
   A. read()　　B.readline()　　C.readlines()　　D.seek()
3. 下列操作中会创建文件对象的是（　　）。
   A. 打开文件　　B.关闭文件　　C.写文件　　D.读文件
4. 下列关于 CSV 文件的说法不正确的是（　　）。
   A. CSV 文件中的数据必须使用逗号分隔
   B. CSV 文件是一个文本文件
   C. 可使用 open()函数打开 CSV 文件
   D. CSV 文件的一行是一维数据，多行组成二维数据
5. 执行下面的程序的输出结果是（　　）。

```
file=open(r'd:\temp.txt','w+')
data=['123','abc','456']
file.writelines(data)
file.seek(0)
for row in file:
    print(row)
file.close()
```

   A. 123　　B."123"　　C. "123abc456"　　D.123abc456
      abc　　　"abc"
      456　　　"456"

二、编程题

1. 输入一个字符串，将其写入一个文本文件，将文件命名为 data721.txt。

2. 输入一个字符，统计该字符在文件 data721.txt 中的出现次数。

3. 读取 data721.txt 中的内容，将其按相反的顺序写入另一个文本文件。

4. 请将下面的矩阵写入一个 CSV 文件。

1	2	3	4	5
2	3	4	5	1
3	4	5	1	2
4	5	1	2	3
5	1	2	3	4

5. 在程序中创建一个元组、一个列表和一个字典，将它们写入文件并保存，并能够正确从文件读取这些对象。

第 8 章 Python 标准库

通常，随 Python 一起安装的库称为标准库，需要采用额外方式安装的库称为第三方库。本章主要介绍 Python 标准库中的 turtle 库、random 库、time 库和 Tkinter 库。

知识要点

- 掌握 turtle 库的使用方法
- 掌握 random 库的使用方法
- 掌握 time 库的使用方法
- 掌握 Tkinter 库的使用方法

8.1 绘图工具：turtle 库

8.1.1 turtle 库的基本概念

turtle 库（也称海龟绘图库）提供了基本绘图功能，它起源于 1969 年诞生的 Logo 语言。turtle 库提供了简单、直观的绘图方法，Python 接纳了 turtle 库，并将其作为标准库提供给用户。

8.1.1 turtle 库的基本概念

turtle 库的文件为 Python 安装目录下的“Lib turtle.py”。绘图之前，应导入 turtle 模块。下面是 turtle 库的经典示例代码，该代码可绘制“Turtle star”图形。

```
from turtle import *               #导入 turtle 模块中的函数
color('red', 'yellow')             #设置画笔颜色为 red，填充颜色为 yellow
begin_fill()                       #开始填充
while True:
    forward(200)                   #画笔前进 200 个像素
    left(170)                      #画笔方向向左旋转 170 度
    if abs(pos()) < 1:             #检查当前坐标
        break
end_fill()                         #结束填充
done()                             #开始事件循环
```

程序运行结果如图 8-1 所示。turtle 库的更多示例安装在 Python 安装目录下的“Lib\turtledemo”

子目录中，读者可阅读其中的示例源代码学习 turtle 库绘图方法。

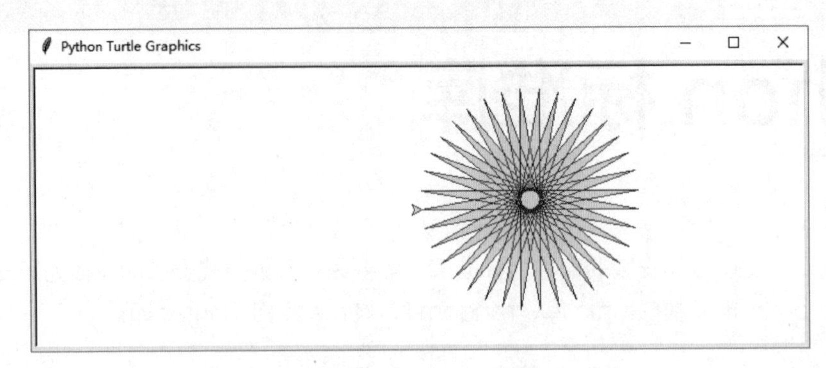

图 8-1　Turtle star 图形

turtle 库在图形窗口（也称画布）中完成绘图，绘图窗口的标准坐标系如图 8-2 所示。

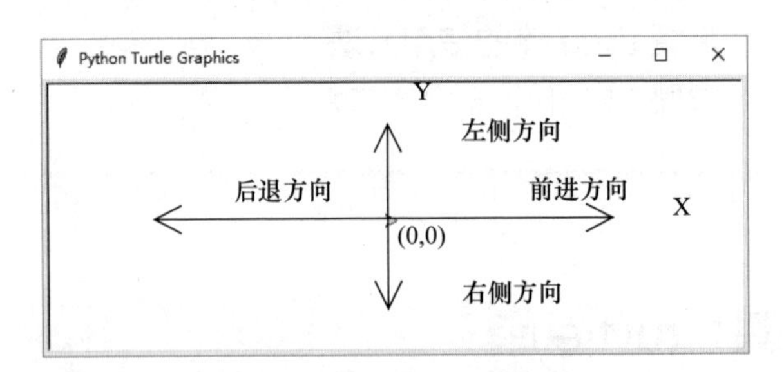

图 8-2　turtle 库绘图的标准坐标系

绘图窗口的中心为坐标原点，X 轴正方向为前进方向，X 轴负方向为后退方向，X 轴上方为左侧方向，X 轴下方为右侧方向。turtle 库通过画笔在画布中的移动完成绘图。

turtle 库提供面向过程和面向对象两种接口。面向过程接口直接调用 turtle 库中的函数进行绘图。面向对象接口提供下面的类。

- TurtleScreen 类：定义绘图窗口，创建绘图窗口时需要一个 Canvas 对象或 ScrolledCanvas 对象作为参数。可调用 Screen()函数返回一个 TurtleScreen 类的单例对象。单例对象指如果已存在一个 TurtleScreen 对象，则返回该对象，否则创建一个新的 TurtleScreen 对象并返回。TurtleScreen 类基于 Tkinter 库实现绘图窗口。
- RawTurtle 类：别名为 RawPen，用于定义在绘图窗口中绘图的海龟对象（也可称为画笔）。RawTurtle 类在创建画笔对象时，需要一个 Canvas、ScrolledCanvas 或 TurtleScreen 作为参数。

turtle 库为面向对象接口类的所有方法定义了同名的函数，这些函数作为面向过程接口的组成部分。导入 turtle 库后，直接调用函数完成绘图就是使用面向过程接口。

turtle 库的面向过程接口主要包括窗体函数、画笔控制函数、画笔运动函数、形状函数、输入输出函数以及事件处理函数等。所有函数的第一个参数默认为 self，本书在介绍各个函数时省略该参数。

8.1.2 窗体函数

8.1.2 窗体函数

turtle 库中的常用窗体函数如下。

1. turtle.bye()

关闭绘图窗口，示例代码如下。

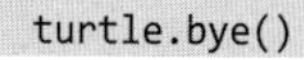

```
turtle.bye()
```

2. turtle.exitonclick()

单击时关闭绘图窗口，示例代码如下。

```
turtle.exitonclick()
```

3. turtle.setup(width, height, startx, starty)

设置绘图主窗口的大小和位置。各参数作用如下。

- width：整数表示窗口宽度的像素；浮点数表示窗口宽度占屏幕的百分比（默认 50%）。
- height：整数表示窗口高度的像素；浮点数表示窗口高度占屏幕的百分比（默认 75%）。
- startx：正数表示窗口位置距离屏幕左边缘的像素，负数表示窗口位置距离屏幕右边缘的像素，None（默认值）表示窗口水平居中。
- starty：正数表示窗口位置距离屏幕上边缘的像素，负数表示窗口位置距离屏幕下边缘的像素，None（默认值）表示窗口垂直居中。

示例代码如下。

```
>>> turtle.setup(200,180,0,0)      #窗口大小为 200×180，位置在屏幕左上角
>>> turtle.setup(0.5,0.6)          #窗口宽占屏幕 50%，高占屏幕 60%，位置在屏幕中央
```

4. turtle.screensize(canvwidth, canvheight, bg)

设置绘图窗口中画布的大小，无参数时返回画布大小。各参数的作用如下。

- canvwidth：正整型数，以像素表示画布的新宽度值。
- canvheight：正整型数，以像素表示画布的新高度值。
- bg：颜色字符串，新的背景颜色。

示例代码如下。

```
>>> turtle.screensize(300,400)
>>> turtle.screensize()
(300, 400)
```

当绘图窗口的宽度或高度小于画布的宽度或高度时，窗口会显示相应的滚动条。

turtle 库中使用的颜色有 3 种表示方法。

- 颜色名称字符串："red""blue""yellow"等。
- 十六进制颜色值字符串："#FF0000""#00FF00""#FFFF00"等。
- RGB 颜色元组：颜色元组格式为(r,g,b)，r、g、b 的取值范围均为 0~colormode。colormode 为颜色模式，取值为 1 或 255。turtle.colormode(n)函数设置颜色模式（n 取 1 或 255）。例如，颜色模式为 255 时，(255,0,0)、(0,210,0)、(155,215,0)等是有效的颜色元组；颜

色模式为 1 时，(1,0,0)、(0,0.3,0)、(1,0.5,0)等是有效的颜色元组。

示例代码如下。

```
>>> turtle.screensize(300,400,'yellow')
```

5. turtle.bgcolor(*args)

设置背景颜色，无参数时返回当前背景颜色。参数 args 是一个颜色字符串或颜色元组，或者是 3 个取值范围为 0~colormode 的数值（即省略圆括号的颜色元组）。

示例代码如下。

```
>>> turtle.bgcolor((0.5,0,0))
>>> turtle.bgcolor()
(0.5019607843137255, 0.0, 0.0)
>>> turtle.bgcolor('red')
>>> turtle.bgcolor()
'red'
>>> turtle.bgcolor(0.6,0.3,0.7)
```

6. turtle.bgpic(picname=None)

设置背景图片或返回当前背景图片的文件名。如果 picname 为一个以 gif 或 png 为后缀名的图片文件名，则将相应图片设为背景。如果 picname 为“nopic”，则删除当前背景图片。未提供参数时返回当前背景图片的文件名。

示例代码如下。

```
>>> turtle.bgpic()
'nopic'
>>> turtle.bgpic('back.png')
```

7. turtle.clear()和 turtle.clearscreen()

从绘图窗口中删除全部绘图，将绘图窗口重置为初始状态：白色背景、无背景图片以及无事件绑定并启用追踪。示例代码如下。

```
>>> turtle.clear()
>>> turtle.clearscreen()
```

8. turtle.reset()和 turtle.resetscreen()

将绘图窗口中的画笔重置为初始状态，示例代码如下。

```
>>> turtle.reset()
>>> turtle.resetscreen()
```

9. turtle.window_height()和 turtle.window_width()

返回绘图窗口的高度和宽度，示例代码如下。

```
>>> turtle.window_height()
576
>>> turtle.window_width()
683
```

8.1.3 画笔控制函数

8.1.3 画笔控制函数

turtle 库中常用的画笔控制函数如下。

1. turtle.pendown()、turtle.pd()和 turtle.down()

画笔落下，移动画笔时画线，示例代码如下。

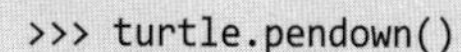

```
>>> turtle.pendown()
```

2. turtle.penup()、turtle.pu()和 turtle.up()

画笔抬起，移动画笔时不画线，示例代码如下。

```
>>> turtle.penup()
```

3. turtle.pensize(width=None)和 turtle.width(width=None)

参数 width 为一个正数。提供参数 width 时，将其设置为画笔大小，画笔大小决定绘制线条的粗细。如未指定参数，则返回画笔的当前大小，示例代码如下。

```
>>> turtle.pensize()
1
>>> turtle.pensize(5)
```

4. turtle.pen(pen=None, **pendict)

提供参数时设置画笔属性；未指定参数时返回画笔属性。参数 pen 为字典。pendict 为一个或多个关键字参数，可用的关键字及其取值如下。

- shown：值为 True（显示画笔形状）或 False（不显示画笔形状）。
- pendown：值为 True（画笔落下）或 False（画笔抬起）。
- pencolor：值为颜色字符串或颜色元组，用于设置画笔颜色。
- fillcolor：值为颜色字符串或颜色元组，用于设置填充颜色。
- pensize：值为正数，用于设置画笔大小。
- speed：值为 0～10 的数，用于设置绘图速度。
- resizemode：值为“auto”“user”或“noresize”，用于设置绘图窗口的大小调整模式。
- stretchfactor：值为“(正数值,正数值)”格式的元组，用于设置画笔裁剪比例。
- outline：值为正数，用于设置轮廓宽度。
- tilt：值为整数或小数，用于设置画笔倾斜角度。

示例代码如下。

```
>>> turtle.pen(fillcolor="yellow", pensize=5)          #设置关键字参数
>>> turtle.pen({'shown':False,'tilt':15})              #使用字典参数
>>> turtle.pen()
{'pencolor': 'black', 'shown': False, 'speed': 3, 'pendown': True, 'shearfactor': 0.0, 'resizemode':
'noresize', 'outline': 1, 'stretchfactor': (1.0, 1.0), 'tilt': 15, 'pensize': 5, 'fillcolor': 'yellow'}
```

5. turtle.isdown()

画笔落下时返回 True，画笔抬起时返回 False，示例代码如下。

```
>>> turtle.penup()
```

```
>>> turtle.isdown()
False
>>> turtle.pendown()
>>> turtle.isdown()
True
```

6. turtle.pencolor(*args)

提供参数时设置画笔颜色，未提供参数时返回画笔颜色，示例代码如下。

```
>>> colormode()
1.0
>>> turtle.pencolor()
'red'
>>> turtle.pencolor("blue")
>>> turtle.pencolor()
'blue'
>>> turtle.pencolor((0.3, 0.5, 0.6))
>>> turtle.pencolor('#FF00FF')
```

7. turtle.fillcolor(*args)

提供参数时设置填充颜色，未提供参数时返回填充颜色，示例代码如下。

```
>>> turtle.fillcolor("yellow")
>>> turtle.fillcolor()
'yellow'
```

8. turtle.color(*args)

提供两个颜色参数，分别为画笔颜色和填充颜色；未提供参数时返回画笔颜色和填充颜色，示例代码如下。

```
>>> turtle.color()
('black', 'yellow')
>>> turtle.color("red", "green")
```

9. turtle.filling()

返回填充状态，要填充时返回 True，不填充时返回 False。

10. turtle.begin_fill()

开始填充，在绘制填充形状之前调用。

11. turtle.end_fill()

结束填充，同时执行填充操作，为在调用 begin_fill()之后绘制的封闭形状填充颜色。

12. turtle.clone()

创建并返回画笔的克隆体，克隆体具有与画笔相同的位置、朝向和其他属性。克隆得到的画笔可以设置与原画笔不同的属性，从而执行不同的绘图操作。

示例代码如下。

```
>>> t2=turtle.clone()
```

turtle 允许使用多个画笔，可调用 Turtle()函数创建画笔，示例代码如下。

```
>>> t3=turtle.Turtle()
```

8.1.4 画笔运动函数

8.1.4 画笔运动函数

在画笔落下时，画笔才会沿经过的路径绘制线条。改变画笔的位置时，会在前后两个位置之间绘制直线。

1. turtle.forward(distance)和 turtle.fd(distance)

画笔前进 distance 指定的距离，参数 distance 为像素值，不改变画笔的朝向，示例代码如下。

```
>>> turtle.forward(50)
```

2. turtle.back(distance)、turtle.bk(distance)和 turtle.backward(distance)

画笔后退 distance 指定的距离，不改变画笔的朝向，示例代码如下。

```
>>> turtle.backward(50)
```

3. turtle.right(angle)和 turtle.rt(angle)

画笔向右旋转 angle 个单位，单位默认为度，可调用 turtle.degrees()和 turtle.radians()函数设置度量单位。角度的正负由画笔模式确定，可调用 turtle.mode()函数设置画笔模式。

函数 turtle.degrees()将角度的度量单位设置为度，turtle.radians()将角度的度量单位设置为弧度。

示例代码如下。

```
>>> turtle.degrees()            #设置角度单位为度
>>> turtle.heading()            #画笔当前朝向
0.0
>>> turtle.right(60)            #画笔向右旋转 60 度
>>> turtle.heading()
300.0
```

4. turtle.mode(mode=None)

设置或返回画笔模式(即画布的坐标系)，参数 mode 为字符串“standard”“logo”或“world”。“standard”模式与旧版本的 turtle 兼容，“logo”模式与大部分 Logo 画笔绘图兼容，“world”模式使用用户自定义的“世界坐标系”。模式、画笔的初始朝向与角度正负之间的关系如下。

- standard 模式：画笔初始朝右（东）、逆时针为角度正方向。
- logo 模式：画笔初始朝上（北）、顺时针为角度正方向。

示例代码如下。

```
>>> turtle.mode('logo')
>>> turtle.heading()
0.0
>>> turtle.right(60)
>>> turtle.heading()
60.0
```

5. turtle.left(angle)和 turtle.lt(angle)

画笔向左旋转 angle 个单位，示例代码如下。

```
>>> turtle.left(45)
```

6. turtle.goto(x,y=None)、turtle.setpos(x,y=None)和 turtle.setposition(x,y=None)

将画笔移动到绝对坐标位置。如果画笔已落下将画直线。不改变画笔的朝向。如果提供参数 x 和 y，则(x,y)为新坐标。省略参数 y 时，x 为坐标向量，示例代码如下。

```
>>> turtle.pos()                    #查看画笔当前位置
(0.00,0.00)
>>> turtle.goto(20,30)              #移动画笔到(20,30)
>>> turtle.pos()
(20.00,30.00)
>>> turtle.goto((50,50))            #移动画笔到(50,50)
```

7. turtle.setx(x)

画笔水平移动，横坐标变为 x，纵坐标保持不变，示例代码如下。

```
>>> turtle.pos()
(50.00,50.00)
>>> turtle.setx(100)
>>> turtle.pos()
(100.00,50.00)
```

8. turtle.sety(y)

画笔垂直移动，横坐标不变，纵坐标变为 y，示例代码如下。

```
>>> turtle.pos()
(100.00,50.00)
>>> turtle.sety(100)
>>> turtle.pos()
(100.00,100.00)
```

9. turtle.setheading(to_angle)和 turtle.seth(to_angle)

将画笔的方向设置为 to_angle（注意由画笔模式决定具体方向），示例代码如下。

```
>>> turtle.setheading(45)
```

10. turtle.home()

将画笔移至初始坐标(0,0)，并设置方向为初始方向（由画笔模式确定），示例代码如下。

```
>>> turtle.pos()                #当前位置
(100.00,100.00)
>>> turtle.heading()            #当前朝向
15.0
>>> turtle.home()               #画笔回归原点，重置为初始朝向
>>> turtle.heading()
0.0
```

```
>>> turtle.pos()
(0.00,0.00)
```

11. turtle.circle(radius, extent=None, steps=None)

绘制一个半径为radius的圆，圆心在画笔左侧radius个单位的位置。参数radius为数值，extent为数值或 None，steps 为整数或 None。extent 为一个角度，省略时绘制圆，指定 extent 参数时绘制指定角度的圆弧。绘制圆弧时，如果 radius 为正值，则沿逆时针方向绘制圆弧，否则沿顺时针方向绘制圆弧。画笔的最终朝向由 extent 的值决定。

turtle 库实际上是用内切正多边形来近似表示圆，其边的数量由 steps 指定。省略 steps 参数时 turtle 将自动确定边数。此方法也可用来绘制正多边形。

示例代码如下。

```
>>> turtle.circle(50)                   #绘制半径为 50 的圆
>>> turtle.circle(100,180)              #绘制半径为 100 的半圆
>>> turtle.circle(200,None,4)           #绘制对角线长度为 200 的正方形
>>> turtle.circle(200,steps=6)          #绘制对角线长度为 200 的正六边形
```

12. turtle.dot(size=None, *color)

绘制一个直径为 size，颜色为 color 的圆点。如果未指定 size，则直径取 pensize+4 和 2×pensize 中的较大值，示例代码如下。

```
>>> turtle.dot()                        #绘制默认大小的点。
>>> turtle.dot(100)                     #绘制直径为 100 的点
>>> turtle.dot(50,'red')                #绘制直径为 50 的点，颜色为红色
```

13. turtle.stamp()

在画笔当前位置绘制一个印章（画笔形状），返回该印章的 stamp_id，示例代码如下。

```
>>> turtle.stamp()
19
```

14. turtle.clearstamp(stampid)

删除 stampid 指定的印章，stampid 是调用 stamp()的返回值，示例代码如下。

```
>>> turtle.clearstamp(19)
```

15. turtle.clearstamps(n=None)

参数 n 为整数或 None。n 为 None 则删除全部印章； n>0 则删除前 n 个印章，n<0 则删除后 n 个印章，示例代码如下。

```
>>> turtle.clearstamps(5)
```

16. turtle.undo()

撤消最近的一个画笔动作，可撤消的次数由撤消缓冲区的大小决定，示例代码如下。

```
>>> turtle.undo()
```

17. turtle.speed(speed=None)

设置画笔的移动速度。不指定参数（或为 None）时返回画笔的移动速度。参数 speed 为 0~10

范围内的整数或速度字符串，speed 不为 0 时，其值越大，画笔的移动速度越快（0 表示没有动画效果）。可用的速度字符串与速度值的对应关系如下。

- fastest：0，最快。
- fast：10，快。
- normal：6，正常。
- slow：3，慢。
- slowest：1，最慢。

示例代码如下。

```
>>> turtle.speed()
3
>>> turtle.speed('fast')
>>> turtle.speed()
10
>>> turtle.speed(6)
```

18. turtle.position()和 turtle.pos()

返回画笔当前的坐标，示例代码如下。

```
>>> turtle.pos()
(100.00,100.00)
```

19. turtle.xcor()

返回画笔的 x 坐标。

20. turtle.ycor()

返回画笔的 y 坐标。

21. turtle.heading()

返回画笔的当前朝向。

22. turtle.distance(x, y=None)

返回从画笔位置到坐标(x,y)或另一画笔对应位置的距离。参数 x 为画笔对象时，y 为 None，示例代码如下。

```
>>> turtle.home()
>>> turtle.goto(100,100)
>>> turtle.distance(0,0)
141.4213562373095
```

8.1.5 形状函数

turtle 库中的常用形状函数如下。

8.1.5 形状函数

1. turtle.getshapes()

返回画笔形状列表，列表包含当前可用的所有画笔形状的名称，示例代码如下。

```
>>> turtle.getshapes()
['arrow', 'blank', 'circle', 'classic', 'square', 'triangle', 'turtle']
```

2. turtle.shape(name=None)

将画笔形状设置为参数 name 指定的形状，如未提供参数则返回当前的画笔形状的名称，示例代码如下。

```
>>> turtle.shape('turtle')          #将画笔设置为海龟形状
```

3. turtle.begin_poly()

开始记录多边形的顶点，当前画笔位置为多边形的第一个顶点。

4. turtle.end_poly()

停止记录多边形的顶点，当前画笔位置为多边形的最后一个顶点。

5. turtle.get_poly()

返回最新记录的多边形，示例代码如下。

```
>>> turtle.begin_poly()                     #开始记录多边形
>>> turtle.fd(50)
>>> turtle.lt(60)
>>> turtle.fd(50)
>>> turtle.lt(60)
>>> turtle.fd(50)
>>> turtle.lt(60)
>>> turtle.fd(50)
>>> turtle.lt(60)
>>> turtle.fd(50)
>>> turtle.end_poly()                       #结束记录正六边形
>>> p=turtle.get_poly()                     #返回刚记录的多边形
>>> p
((0.00,0.00), (50.00,0.00), (75.00,43.30), (50.00,86.60), (0.00,86.60), (-25.00,43.30))
```

记录的多边形为该多边形顶点坐标的元组。

6. turtle.register_shape(name,shape=None)和 turtle.addshape(name, shape=None)

为画笔注册新的形状。调用此函数有 3 种不同方式。

- 参数 name 为形状的注册名称，参数 shape 为记录的多边形，示例代码如下。

```
>>> turtle.register_shape('sixpoly',p)      #将多边形注册为画笔形状
>>> turtle.shape('sixpoly')                 #使用多边形作为画笔形状
```

- 参数 name 为一个 gif 文件的文件名，参数 shape 为 None 或者省略时，将 gif 图形注册为画笔形状。gif 文件应放在当前工作目录中。参数 name 中不能包含路径，示例代码如下。

```
>>> turtle.register_shape("star.gif")
>>> turtle.getshapes()
['arrow', 'blank', 'circle', 'classic', 'square', 'star.gif', 'triangle', 'turtle']
>>> turtle.shape('star.gif')                #使用已注册的 gif 文件图形作为画笔形状
```

- 参数 name 为形状的注册名称字符串，shape 为坐标元组，示例代码如下。

```
>>> turtle.register_shape("myTri",((0,-5),(5,0),(0,5)))
```

```
>>> turtle.getshapes()
['arrow', 'blank', 'circle', 'classic', 'myTri', 'square', 'star.gif', 'triangle', 'turtle']
```

7. 使用复合形状

复合形状由多个不同颜色的多边形构成。使用复合形状包含下列步骤。

- 创建一个类型为“compound”的 Shape 对象。
- 调用 addcomponent()方法为 Shape 对象添加多边形。
- 注册 Shape 对象，并将其设置为画笔形状。

示例代码如下。

```
>>> s = turtle.Shape("compound")                         #创建空的复合形状对象
>>> p = ((0,0),(50,0),(50,50),(0,50))                    #定义多边形顶点
>>> s.addcomponent(p, "red", "blue")                     #将多边形添加到复合形状对象
>>> p = ((10,10),(40,10),(40,40),(10,40))
>>> s.addcomponent(p, "blue", "red")
>>> p = ((20,20),(30,20),(30,30),(20,30))
>>> s.addcomponent(p, "red", "blue")
>>> turtle.register_shape("mycs", s)                     #注册复合形状对象
>>> turtle.shape('mycs')                                 #将复合形状设置为画笔形状
```

8.1.6 输入输出函数

turtle 库中的常用输入输出函数如下。

1. turtle.write(arg, move=False, align="left", font=("Arial", 8, "normal"))

8.1.6 输入输出函数

将对象 arg 输出到画笔位置。参数 move 为 True 时（默认为 False），画笔会移动到文本的右下角。参数 align 指定文本对齐方式，可取值“left”“center”或“right”，对齐位置为画笔当前位置。参数 font 是一个三元组(fontname, fontsize, fonttype)，用于指定字体名称、字号和字体类型，默认为("Arial", 8, "normal")，示例代码如下。

```
>>> turtle.home()
>>> turtle.write((0.0))
>>> turtle.write("Python", True, align="center")
```

2. turtle.textinput(title, prompt)

用对话框输入字符串。参数 title 为对话框的标题，prompt 为提示信息。单击“OK”按钮时，该函数返回输入的字符串，单击“Cancel”按钮时返回 None，示例代码如下。

```
>>> turtle.textinput("Turtle 绘图", "请输入一个字符串")
'Python 编程'
```

代码执行时显示的对话框如图 8-3 所示。

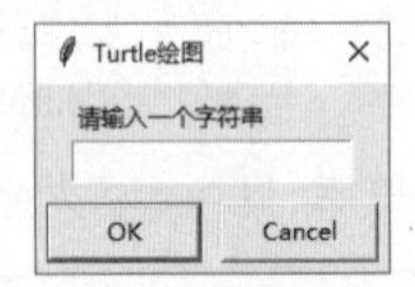

图 8-3 turtle 字符串输入对话框

3. turtle.numinput(title, prompt, default=None, minval=None, maxval=None)

用对话框输入数值。参数 title 为对话框标题，prompt 为提示信息，default 为数值框初始值，minval 为允许输入的最小值，maxval 为允许输入的最大值。单击“OK”按钮时，该函数返回输入的数值，单击“Cancel”按钮时返回 None，示例代码如下。

```
>>> turtle.numinput("Turtle 绘图", "请输入一个数值",None,1,10)
8.0
```

代码执行时显示的对话框如图 8-4 所示。

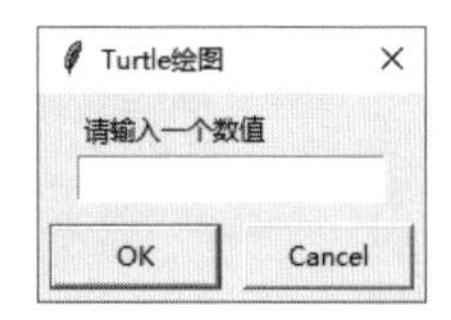

图 8-4　turtle 数值对话框

8.1.7　事件处理函数

8.1.7　事件处理函数

turtle 库中的常用事件处理函数如下。

1. turtle.mainloop()和 turtle.done()

开始事件循环，调用 Tkinter 库的 mainloop()函数，可实现 turtle 绘图窗口的交互功能。应将 turtle.mainloop()或 turtle.done()作为一个绘图程序的结束语句，示例代码如下。

```
>>> turtle.done()
```

2. turtle.listen()

使绘图窗口获得焦点，以便接收键盘和鼠标事件。

3. turtle.onkey(fun, key)和 turtle.onkeyrelease(fun, key)

注册键盘事件函数，fun 为函数名，在按下并释放 key 指定的键时调用 fun()函数。fun 为 None 时删除事件绑定。参数 key 为键名字符串，例如“a”或“space”，示例代码如下。

```
>>> def fun():
...   turtle.circle(50)
...
>>> turtle.onkey(fun,'a')       #注册事件函数，在释放字母 a 键时，调用 fun()函数
>>> turtle.listen()
```

4. turtle.onkeypress(fun, key=None)

与 turtle.onkey(fun, key)和 turtle.onkeyrelease(fun, key)类似，注册键盘事件函数，fun 为函数名，在按下（未释放）key 指定的键时调用 fun()函数。

```
>>> def fun():
...   turtle.fd(50)
...   turtle.circle(45)
...
>>> turtle.onkeypress(fun,'b')#在按下键盘上的字母 b 键时，调用 fun()函数
```

```
>>> turtle.listen()
```

注意，在 onkey、onkeyrelease 和 onkeypress 等事件发生后，Python 执行绑定的函数。在函数执行过程中，如果发生其他事件，则会中断正在执行的函数，转去执行其他事件的绑定函数。

5. turtle.onclick(fun, btn=1, add=None) 和 turtle.onscreenclick(fun, btn=1, add=None)

参数 fun 为 None 时删除现有的绑定。参数 fun 为函数名时，将该函数绑定到鼠标单击事件，调用函数时会将鼠标指针坐标作为参数传递给函数。参数 btn 为 1（默认值）时，表示鼠标左键，btn 为 2 时表示鼠标中间键，btn 为 3 时表示鼠标右键。参数 add 为 True 时将添加一个新绑定，否则将取代之前的绑定。onclick()为画笔绑定鼠标单击事件函数，onscreenclick()为绘图窗口绑定鼠标单击事件函数。

示例代码如下。

```
>>> def fun(x,y):
...   turtle.goto(x,y)
...   turtle.circle(45)
...
>>> turtle.onscreenclick(fun)       #单击绘图窗口时调用函数 fun()
>>> turtle.onclick(fun,3)           #右键单击画笔时调用函数 fun()
```

6. turtle.onrelease(fun, btn=1, add=None)

将函数 fun()绑定到鼠标释放事件，与 turtle.onclick()类似，示例代码如下。

```
>>> def fun(x,y):
...   turtle.circle(50)
...
>>> turtle.onrelease(fun,3)         #在画笔上按下并释放鼠标右键时调用函数 fun()
```

7. turtle.ondrag(fun, btn=1, add=None)

将 fun()函数绑定到画笔的拖动事件。如果参数 fun 为 None，则移除现有的绑定。在拖动画笔时，首先会触发画笔的鼠标单击事件，示例代码如下。

```
>>> turtle.ondrag(turtle.goto)#拖动画笔在绘图窗口中绘制线条
```

8. turtle.ontimer(fun, t=0)

创建一个计时器，在 t 毫秒后调用 fun()函数。fun 是函数名，不需要指定参数，示例代码如下。

```
>>> def f():
...   turtle.fd(100)
...   turtle.circle(50)
...
>>> turtle.ontimer(f)               #立即执行 f()函数
>>> turtle.ontimer(f,2000)          #2 秒后执行 f()函数
```

8.1.8 turtle 绘图实例

本节使用 turtle 绘制图 8-5 所示的图形。

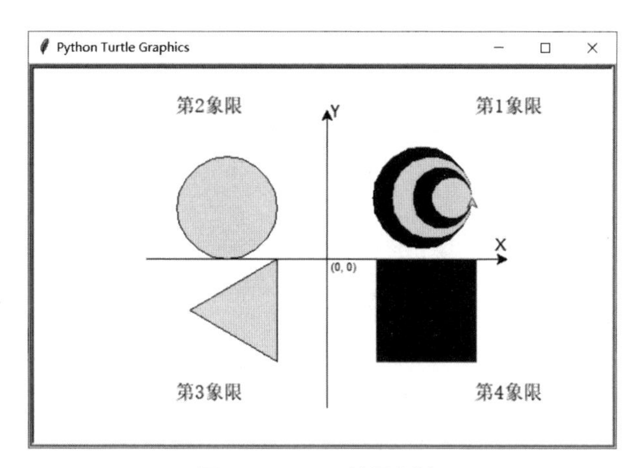

图 8-5　turtle 绘图实例

本节实例在绘图窗口中绘制坐标系，标注 4 个象限，在第 1 象限中单击鼠标时，在鼠标位置绘制 4 个相切的填充的圆，在第 2 象限绘制一个填充的圆，在第 3 象限绘制一个填充的等边三角形，在第 4 象限绘制一个填充的正方形。

示例代码如下。

```
from turtle import *                    #导入 turtle 库的函数
screensize(400,300)                     #设置画布大小
pu()                                    #抬起画笔，避免移动画笔时画线
goto(5,-15)
write((0,0))                            #输出原点坐标
###标注 4 个象限的名称
goto(150,140)
write('第 1 象限',font=('宋体',14,'normal'))
goto(150,-140)
write('第 4 象限',font=('宋体',14,'normal'))
goto(-150,140)
write('第 2 象限',font=('宋体',14,'normal'))
goto(-150,-140)
write('第 3 象限',font=('宋体',14,'normal'))
###开始绘制坐标轴
goto(-180,0)
pd()
goto(180,0)                             #绘制 X 轴线条
stamp()                                 #绘制 X 轴箭头，默认画笔为箭头样式
pu()
goto(170,5)
write('X',font=("Arial", 12, "normal"))
pu()                                    #抬起画笔
goto(0,-145)
pd()
goto(0,145)                             #绘制 Y 轴
left(90)
```

```
    stamp()
    pu()
    goto(5,135)
    write('Y',font=("Arial", 12, "normal"))
    pu()
    ###在第 2 象限画圆
    goto(-50,50)
    fillcolor('yellow')                    #设置填充颜色
    begin_fill()
    pd()
    circle(50)                             #画圆
    pu()
    ###开始画等边三角形
    goto(-50,0)
    pd()
    goto(-50,-100)
    left(60)
    fd(100)
    goto(-50,0)
    end_fill()
    pu()
    ###开始画正方形
    goto(50,0)
    pd()
    begin_fill()
    setheading(0)
    color('red','blue')
    fd(100)
    setheading(-90)
    fd(100)
    setheading(-180)
    fd(100)
    setheading(90)
    fd(100)
    end_fill()
    ###定义单击鼠标时调用的绘图函数
    def fc(x,y):
        up()
        goto(x,y)                          #将画笔移动到鼠标单击位置
        r=50                               #设置初始半径
        c=['yellow','blue']                #准备填充颜色，两种颜色交替填充
        n=1
        while r>10:
            fillcolor(c[n])                #设置填充颜色
            n=(n+1)%2                      #计算下一次填充颜色的索引
            begin_fill()
```

```
        circle(r)                   #画圆
        r=r-10
        end_fill()
    onscreenclick(fc)               #为鼠标单击事件绑定函数，在鼠标单击位置画圆
    listen()                        #使绘图窗口获得焦点
    done()                          #开始绘图窗口的事件循环
```

8.2 随机数工具：random 库

8.2.1 random 库概述

random 库提供了随机数生成函数，其模块文件为 Python 安装目录下的“Lib\random.py”。

8.2.1 random 库概述

各种程序设计语言中几乎都提供了随机数生成功能。通过程序获得的随机数称为“伪随机数”，并不能做到数学意义上的真正的“随机”。程序设计语言通过伪随机数生成器来获得随机数。

Python 的伪随机数生成器采用应用最为广泛的马特赛特旋转（Mersenne Twister）算法，它可以产生 53 位精度浮点数，周期为 $2^{19937}-1$，其在底层用 C 语言实现。

random 库提供的函数主要包括随机数种子函数、整数随机数函数、浮点数随机数函数和序列随机函数。

8.2.2 随机数种子函数

随机数种子函数的基本格式如下。

```
random.seed(n=None, version=2)
```

该函数将参数 n 设置为随机数种子，省略参数时使用当前系统时间作为随机数种子。参数 n 为 int 类型时直接将其作为种子。version 为 2（默认）时，str、bytes 或 bytearray 等非 int 类型的参数 n 会转换为 int 类型。version 为 1 时，str 和 bytes 类型的参数 n 可直接作为随机数种子。

8.2.2 随机数种子函数

调用各种随机数函数时，实质上是从随机数种子对应的序列中取数。随机数种子相同时，连续多次调用同一个随机数函数会依次按顺序从同一个随机数序列中取数，多次运行同一个程序获得的随机数是相同的（顺序相同、数值相同）。没有在程序中调用 random.seed()函数时，默认使用当前系统时间作为随机数种子，从而保证每次运行程序得到不同的随机数。

示例代码如下。

```
import random                       #导入模块
random.seed(5)                      #设置随机数种子
for n in range(5):                  #循环 5 次
    print(random.randint(1,10))     #输出一个[1,10]范围内的整数
```

图 8-6 显示了在 IDLE 中 3 次运行该程序的结果，可以看到 3 次运行输出的随机数相同。删除代码中的第 2 行设置随机数种子的语句，则每次运行程序可输出不同的随机数。

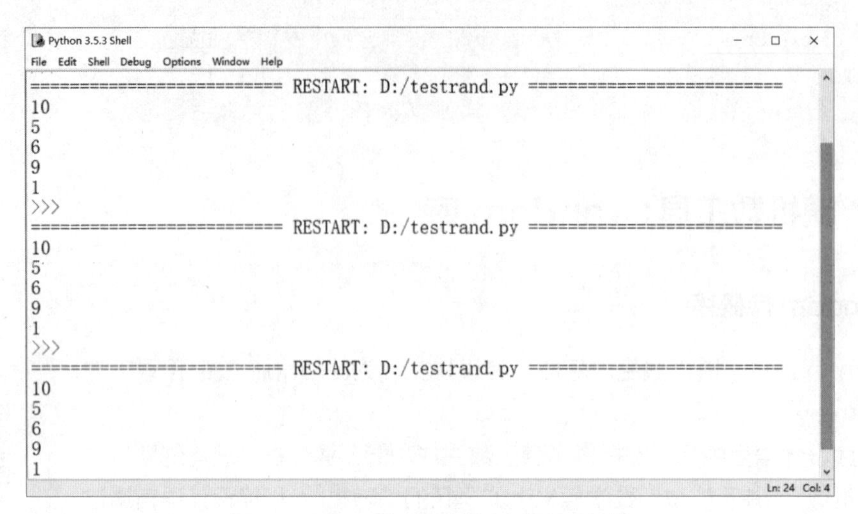

图 8-6　种子不变时程序输出相同的随机数

8.2.3　整数随机数函数

random 库中常用的整数随机数函数如下。

1. random.randrange(n)

返回[0,n)范围内的一个随机整数，示例代码如下。

8.2.3　整数随机数函数

```
>>> for i in range(5):                    #输出 5 个[0,10)范围内的随机整数
...   print(random.randrange(10))
...
1
8
6
0
4
```

2. random.randrange(m, n[, step])

返回[m,n)范围内的一个随机整数。未指定 step 参数时，从当前随机数序列中连续取数；指定 step 参数时，取数的间隔为 step-1，示例代码如下。

```
>>> for i in range(5):                    #输出 5 个[5,15)范围内的随机整数
...   print(random.randrange(5,15))
...
13
9
7
14
12
```

3. random.randint(a, b)

返回[a,b]范围内的一个随机整数，示例代码如下。

```
>>> for i in range(5):                    #输出 5 个[5,15]范围内的随机整数
...   print(random.randint(5,15))
...
13
11
15
14
9
```

8.2.4 浮点数随机数函数

8.2.4 浮点数随机数函数

random 库中常用的浮点数随机数函数如下。

1. random.random()

返回 [0.0, 1.0) 范围内的一个随机浮点数，示例代码如下。

```
>>> for n in range(5):
...   print(random.random())
...
0.7240847363739501
0.2091604375837386
0.4658078671824166
0.23337423257429446
0.6101574837845425
```

2. random.uniform(a, b)

返回一个随机浮点数，当 a<=b 时取值范围为[a,b]，当 b<a 时取值范围为[b,a]，示例代码如下。

```
>>> for n in range(5):                    #输出 5 个[-5,5]范围内的浮点数
...   print(random.uniform(-5,5))
...
-4.174727699358545
-4.591545182778679
-2.1824817649967887
3.8519314092950143
-4.558509481522241
```

8.2.5 序列随机函数

8.2.5 序列随机函数

random 库中常用的序列随机函数如下。

1. random.choice(seq)

从非空序列 seq 中随机选择一个元素并返回。如果 seq 为空，则引发 IndexError 异常，示例代码如下。

```
>>> seq=[10,5,'a',3,'abc',30]
>>> random.choice(seq)
10
>>> random.choice(seq)
'a'
>>> random.choice(seq)
3
```

2. random.shuffle(seq)

将序列 seq 随机打乱位置，示例代码如下。

```
>>> seq=[10,5,'a',3,'abc',30]
>>> random.shuffle(seq)
>>> seq
['abc', 5, 10, 'a', 3, 30]
```

shuffle()函数只适用于可以修改的序列，如果需要从一个不可变的序列返回一个新的打乱顺序的列表，应使用 sample()函数。

3. random.sample(seq, k)

从序列 seq 中随机选择 k 个不重复的数据，示例代码如下。

```
>>> seq
['abc', 5, 10, 'a', 3, 30]
>>> random.sample(seq,3)
[3, 5, 30]
>>> random.sample(seq,3)
['abc', 10, 3]
```

8.2.6 随机数实例

本节实例使用随机函数输出 5 个 5 位的随机字符串，示例代码如下。

8.2.6 随机数实例

```
from random import *                        #从 random 库导入函数
def getRandomChar():                        #获得随机字符
    num =str(randint(0,9))                  #获得随机数字
    lower=chr(randint(97,122))              #获得随机小写字母
    upper=chr(randint(65,90))               #获得随机大写字母
    char=choice([num,lower,upper])          #从序列中随机选择
    return char

for m in range(5):                          #输出 5 个字符串
    s=''
    for n in range(5):                      #生成一个 5 位的随机字符串
        s+=getRandomChar()
    print(s)
```

程序运行结果如图 8-7 所示。

```
Python 3.7.2 Shell
File Edit Shell Debug Options Window Help
======================== RESTART: D:/testRandom.py ========================
j2tB9
WOG6I
jzcpx
OTSIi
fK4ub
>>>
                                                              Ln: 2 Col: 54
```

图 8-7 随机生成字符串

8.3 时间处理工具：time 库

8.3.1 time 库概述

time 库提供时间相关的函数。与时间相关的模块有：time、datetime 和 calendar。time 库不适用于所有的平台，其定义的大部分函数都是调用平台中 C 语言库中的同名函数。

8.3.1 time 库概述

time 库属于内置模块，直接导入即可使用。time 库提供的函数可分为时间处理函数、时间格式化函数和计时函数。

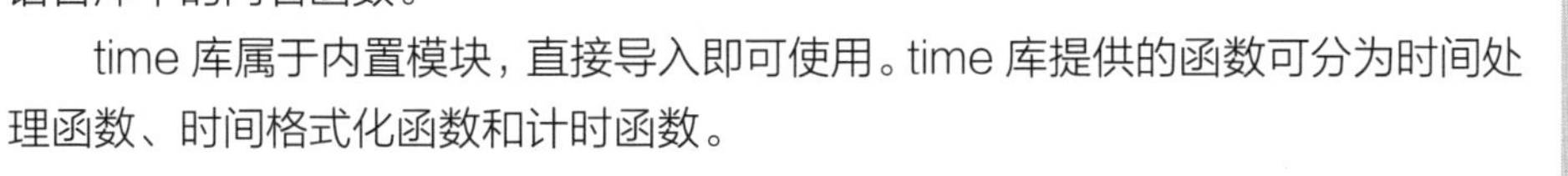

一些基本的 time 库概念如下。

1. Epoch

Epoch 指时间起点，取决于平台，通常为“1970 年 1 月 1 日 00:00:00（UTC）”。可调用 time.localetime(0)函数返回当前平台的 Epoch，示例代码如下。

```
>>> import time
>>> time.localtime(0)
time.struct_time(tm_year=1970, tm_mon=1, tm_mday=1, tm_hour=8, tm_min=0, tm_sec=0, tm_wday=3, tm_yday=1, tm_isdst=0)
```

2. 时间戳（timestamp）

时间戳通常指自 Epoch 到现在的时间的秒数。

3. UTC

UTC 指 Coordinated Universal Time，即协调世界时间，之前的名称是格林尼治天文时间（GMT），是世界标准时间。

4. DST

DST 指 Daylight Saving Time，即夏令时。

5. struct_time

time.struct_time 类表示时间对象，gmtime()、localtime()和 strptime()等函数返回 struct_time 对象表示的时间。struct_time 对象包含的字段如表 8-1 所示。

表 8-1 struct_time 对象包含的字段

索引	属性	说明
0	tm_year	年份，例如 2019
1	tm_mon	月份，有效值范围为[1, 12]

续表

索引	属性	说明
2	tm_mday	一月的第几日，有效值范围为[1, 31]
3	tm_hour	小时，有效值范围为[0, 23]
4	tm_min	分钟，有效值范围为[0, 59]
5	tm_sec	秒，有效值范围为[0, 61]，支持 61 是历史原因
6	tm_wday	一周的第几天，有效值范围为[0,6]，周一为 0
7	tm_yday	一年的第几天，有效值范围为[1, 366]
8	tm_isdst	0、1 或-1，夏令时生效时为 1，未生效时为 0，-1 表示未知

8.3.2 时间处理函数

8.3.2 时间处理函数

常用的时间处理函数包括 time.time()、time.gmtime()、time.localtime()和 time.ctime()。

1. time.time()

返回自 Epoch 以来的时间的秒数，示例代码如下。

```
>>> time.time()
1568813495.2463927
```

2. time.gmtime()

将秒数转换为 UTC 的 struct_time 对象，其中 dst 标志始终为零。如果未提供参数或参数为 None，则转换当前时间，示例代码如下。

```
>>> time.gmtime()                    #转换当前时间
time.struct_time(tm_year=2019, tm_mon=9, tm_mday=18, tm_hour=13, tm_min=34, tm_sec=34, tm_wday=2, tm_yday=261, tm_isdst=0)
>>> time.gmtime(10**8)               #转换指定秒数
time.struct_time(tm_year=1973, tm_mon=3, tm_mday=3, tm_hour=9, tm_min=46, tm_sec=40, tm_wday=5, tm_yday=62, tm_isdst=0)
>>> t=time.gmtime(10**8)             #转换秒数
>>> t[0]                             #索引年份字段
1973
>>> t.tm_year                        #以属性的方式访问年份字段
1973
```

3. time.localtime()

将秒数转换为当地时间。如果未提供参数或参数为 None，则转换当前时间。如果给定时间适用于夏令时，则将 dst 标志设置为 1，示例代码如下。

```
>>> time.localtime()                 #转换当前时间
time.struct_time(tm_year=2019, tm_mon=9, tm_mday=18, tm_hour=21, tm_min=39, tm_sec=22, tm_wday=2, tm_yday=261, tm_isdst=0)
>>> time.localtime(10**8)            #转换指定秒数
```

```
    time.struct_time(tm_year=1973, tm_mon=3, tm_mday=3, tm_hour=17, tm_min=46, tm_sec=40, tm_wday=5,
tm_yday=62, tm_isdst=0)
```

4. time.ctime()

将秒数转换为表示本地时间的字符串。如果未提供参数或参数为 None，则转换当前时间，示例代码如下。

```
>>> time.ctime()                    #转换当前时间
'Wed Sep 18 21:50:23 2019'
>>> time.ctime(10**8)               #转换指定秒数
'Sat Mar  3 17:46:40 1973'
```

8.3.3 时间格式化函数

常用的时间格式化函数包括 time.mktime()、time.strftime()和 time.strptime()。

8.3.3 时间格式化函数

1. time.mktime()

mktime()是 localtime()的反函数，其参数是 struct_time 对象或者完整的 9 元组（按顺序与 struct_time 对象字段一一对应），其生成表示本地时间的浮点数，与函数 time()兼容。如果输入值不能转换为有效时间，则发生 OverflowError 或 ValueError 异常。函数可以生成的最早日期取决于操作系统。

示例代码如下。

```
>>> t=time.localtime()                  #获得本地时间的 struct_time 对象
>>> time.mktime(t)                      #获得本地时间的秒数
1568851744.0
>>> a=(2017,12,31,9,30,45,7,365,0)      #构造 9 元组
>>> time.mktime(a)                      #生成时间
1514683845.0
```

2. time.strftime(format[, t]))

参数 t 是一个时间元组或 struct_time 对象，可以将其转换为 format 参数指定的时间格式化字符串。如果未提供 t，则使用当前时间。format 必须是一个字符串。如果 t 中的任何字段超出允许范围，则发生 ValueError 异常。

0 可作为时间元组中任何位置的参数；如果它是非法的，则会被强制修改为正确的值。

常用的时间格式化指令如表 8-2 所示。

表 8-2 常用时间格式化指令

格式化指令	说明
%a	星期中每日的本地化缩写名称
%A	星期中每日的本地化完整名称
%b	月份的本地化缩写名称
%B	月份的本地化完整名称
%c	本地化的日期和时间表示

续表

格式化指令	说明
%d	十进制数表示的月中的第几日，有效值范围为[1,31]
%H	十进制数表示的小时，有效值范围为[0,23]（24 小时制）
%I	十进制数表示的小时，有效值范围为[1,12]（12 小时制）
%j	十进制数表示的年中的第几天，有效值范围为 [1,366]
%m	十进制数表示的月份，有效值范围为[1,12]
%M	十进制数表示的分钟，有效值范围为[00,59]
%p	本地化的 AM 或 PM
%S	十进制数表示的秒，有效值范围为[00,61]
%U	十进制数表示的一年中的第几周，有效值范围为[00,53]
%w	十进制数表示的一周中的第几天，有效值范围为[0,6]，星期日为 0
%W	十进制数表示的一年的周数，有效值范围为[00,53]
%x	本地化的适当日期表示
%X	本地化的适当时间表示
%y	十进制数表示的 2 位年份，有效值范围为[00,99]
%Y	十进制数表示的 4 位年份
%z	以+HHMM 或-HHMM 格式表示的时区偏移
%Z	时区名称
%%	字符“%”

示例代码如下。

```
>>> t=time.localtime()
>>> time.strftime('%Y-%m-%d %H:%M:%S',t)
'2019-09-19 09:30:52'
```

strftime()函数的时间格式化字符串不支持非 ASCII 码字符，要获得中文格式的时间字符串，需使用 struct_time 的字段来构造字符串，示例代码如下。

```
>>> t=time.localtime()
>>> format='%s 年%s 月%s 日 %s 时%s 分%s 秒'
>>> print(format %(t.tm_year,t.tm_mon,t.tm_mday,t.tm_hour,t.tm_min,t.tm_sec))
2019 年 9 月 21 日 15 时 30 分 59 秒
```

3. time.strptime(t,format)

strptime()可看作是 strtime()的逆函数，其按格式化字符串 format 解析字符串 t 中的时间，返回一个 struct_time 对象。示例代码下。

```
>>> time.strptime("1 Nov 01", "%d %b %y")
```

```
time.struct_time(tm_year=2001, tm_mon=11, tm_mday=1, tm_hour=0, tm_min=0, tm_sec=0, tm_wday=3,
tm_yday=305, tm_isdst=-1)
```

8.3.4 计时函数

常用的计时函数包括 time.sleep()、time.monotonic()和 perf_counter()。

8.3.4 计时函数

1. time.sleep(secs)

暂停执行当前线程 secs 秒。参数 secs 可以是浮点数，以便更精确地表示暂停时间。

示例代码如下。

```
>>> time.sleep(5)         #暂停 5 秒，5 秒后才会显示下一个提示符“>>>”
>>>
```

2. time.monotonic()

返回单调时钟的秒数（小数），时钟不能后退、不受系统时间影响，连续调用该函数获得的秒数差值可作为有效的计时时间，示例代码如下。

```
>>> time.monotonic()
674362.281
>>> time.monotonic()
674365.062
```

3. perf_counter()

返回性能计数器的秒数（小数），包含线程睡眠时间，连续调用该函数获得的秒数差值可作为有效的计时时间，示例代码如下。

```
>>> time.perf_counter()
8880.6596039
>>> time.perf_counter()
8883.3632089
```

4. perf_counter_ns()

与函数 perf_counter()类似，返回纳秒数（整数），示例代码如下。

```
>>> time.perf_counter_ns()
9060467367300
>>> time.perf_counter_ns()
9062195170100
```

8.3.5 时间函数实例

本节实例定义两个函数，分别用 for 循环和 while 循环计算 1+2+…+1000，并调用函数计算完成求和耗费的时间，示例代码如下。

8.3.5 时间函数实例

```
#定义函数用 for 循环计算 1+2+…+1000
def forksum():
    s=0
```

```
    for n in range(1001):
        s+=n
    return s

#定义函数用while循环计算1+2+…+1000
def whileksum():
    s=0
    n=1
    while n<1001:
        s+=n
        n+=1
    return s

from time import perf_counter_ns
t1=perf_counter_ns()
s=forksum()
t2=perf_counter_ns()
print('用for循环计算：1+2+…+1000=%s，耗时%s纳秒' % (s,t2-t1))
t1=perf_counter_ns()
s=whileksum()
t2=perf_counter_ns()
print('用while循环计算：1+2+…+1000=%s，耗时%s纳秒' % (s,t2-t1))
```

程序运行结果如图 8-8 所示。

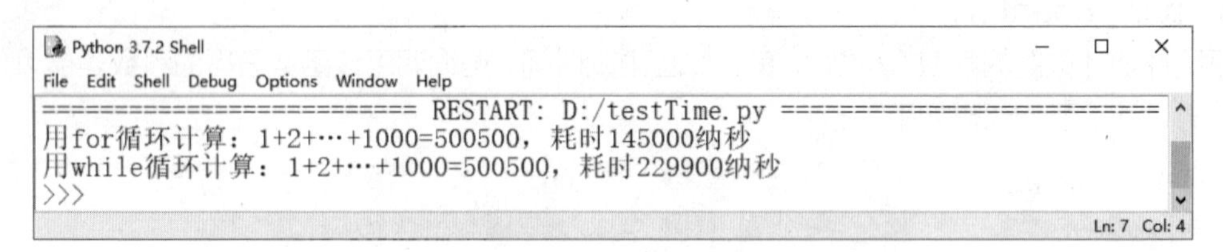

图 8-8　计算程序运行耗时

8.4 图形用户界面工具：Tkinter 库

Tkinter 是 Python 默认的图形用户界面（Graphical User Interface，GUI）库，Tkinter 是 Tk interface 的缩写，意为 Tkinter 库是 Tcl/Tk 的 Python 接口。

8.4.1 Tkinter 库基础

Tkinter 库已成为 Python 的内置模块，其随 Python 一起安装。可在 Windows 系统命令行中运行“python -m tkinter”命令检查 Tkinter 库是否已正确安装，运行该命令会弹出一个 Tk 图形窗口，并在窗口中显示 Tcl/Tk 的版本号，根据版本号可参考对应的 Tcl/Tk 文档。

8.4.1 Tkinter 库基础

1. Tcl、Tk 和 Tkinter

Tkinter 是 Python 的默认 GUI 库，它基于 Tk 工具包实现。Tk 工具包最初是为工具命令语言（Tool Command Language，Tcl）设计的。Tk 被移植到多种语言，包括 Python（Tkinter）、Perl（Perl/Tk）和 Ruby（Ruby/Tk）等。Tk 可能不是最新、最好的 GUI 设计工具包，但它简单易用，可快速实现运行于多种平台的 GUI 应用程序。

Python 赋予了 Tk 新的活力，它提供了一种能够更快实现 GUI 应用的原型系统，通过控件（widget，也称小部件、组件），开发人员可以快速实现应用程序界面。

2. 使用 Tkinter 库

在 Python 3 中，Tkinter 库在 Python 中的模块名称被重命名为 tkinter（首字母小写）。在程序中使用时，需要先导入该模块，示例代码如下。

```
>>> import tkinter
```

或者：

```
>>> from tkinter import *
```

3. Tkinter 程序基本结构

下面的代码使用 Tkinter 库创建一个窗口，在窗口中显示一个字符串。

```
import tkinter                                  #导入 tkinter 模块
w=tkinter.Tk()                                  #创建主窗口
label=tkinter.Label(w,text='你好 Tkinter')       #创建标签
label.pack()                                    #打包标签
w.mainloop()                                    #开始事件循环
```

程序运行显示图 8-9 所示的窗口，这是一个标准的 Windows 窗口。

图 8-9　一个简单的 GUI 程序

Tkinter 程序的基本结构如下。

（1）导入 tkinter 模块。

（2）创建主窗口：所有控件默认情况下都以主窗口作为容器。

（3）在主窗口中创建控件：调用控件类对象创建控件时，第一个参数为主窗口。

（4）打包控件：打包器决定如何在窗口中显示控件。未打包的控件不会在窗口中显示。

（5）开始事件循环：开始事件循环后，Tkinter 监听窗口中的键盘和鼠标事件，响应用户操作。mainloop()函数会一直运行，直到关闭主窗口结束程序。

8.4.2　Tkinter 窗口

8.4.2　Tkinter 窗口

tkinter.Tk()函数创建一个主窗口，也称根窗口。主窗口只有一个，它是一个容器，用于包含标签、按钮、列表框等控件或其他容器，构成应用程序的主界面。

1. 使用默认主窗口

GUI 程序并不需要显式地创建主窗口，示例代码如下。

```
>>> from tkinter import *                          #导入 tkinter 模块
>>> label=Label(text='你好 Tkinter')              #创建标签，此时会创建并显示主窗口
>>> label.pack()                                   #打包标签，此时在主窗口中显示标签
>>> mainloop()                                     #开始事件循环
```

程序运行显示的窗口与图 8-9 所示的窗口完全相同。在创建第一个控件时，如果还没有主窗口，Python 会自动调用 Tk()函数创建一个主窗口。

2. 窗口主要方法

窗口的主要方法如下。

- title('标题名')：修改窗口标题。
- geometry('400x300')：设置窗口大小。
- quit()：退出窗口。
- update()：刷新窗口。

示例代码如下。

```
>>> from tkinter import *
>>> root=Tk()
>>> root.title('主窗口')              #设置窗口标题
''
>>> root.geometry('400x300')         #设置窗口大小
''
```

8.4.3 窗口布局

窗口布局指控件在窗口中的排列方式，Tk 提供 3 种布局：Packer、Placer 和 Grid。

1. Packer 布局

8.4.3 窗口布局

Packer 布局是 Tk 的一种几何管理器，它通过相对位置控制控件在容器中的位置。因为控件的位置是相对的，因此当容器大小发生变化时，控件会自动调整位置。

在调用 pack()方法打包控件时，控件所在的容器使用 Packer 布局。pack()方法可用的参数如表 8-3 所示。

表 8-3 pack()方法可用参数

参数	说明
anchor	当可用空间大于控件本身的大小时，该参数决定控件在容器中的位置。参数值可使用的常量包括：N（北，代表上）、E（东，代表右）、S（南，代表下）、W（西，代表左）、NW（西北，代表左上）、NE（东北，代表右上）、SW（西南，代表左下）、SE（东南，代表右下）和 CENTER（中心，默认值）
expand	取值 True 或 False（默认值），指定当父容器增大时是否拉伸控件
fill	设置控件是否沿水平或垂直方向填充。参数值可使用的处理包括：NONE、X、Y 和 BOTH，其中 NONE 表示不填充，BOTH 表示沿水平和垂直两个方向填充

续表

参数	说明
ipadx	指定控件边框内部在 X 方向（水平）上的预留空白宽度（padding）
ipady	指定控件边框内部在 Y 方向（垂直）上的预留空白宽度（padding）
padx	指定控件边框外部在 X 方向（水平）上的预留空白宽度
pady	指定控件边框外部在 Y 方向（垂直）上的预留空白宽度
side	设置控件在容器中的位置，参数值可使用的常量包括：TOP、BOTTOM、LEFT 或 RIGHT

示例代码如下。

```
from tkinter import *
root=Tk()
label1=Label(root,text='标签 1',bg='green',fg='white')
label2=Label(root,text='标签 2',bg='green',fg='white')
label3=Label(root,text='标签 3',bg='black',fg='white')
label4=Label(root,text='标签 4',bg='black',fg='white')
label5=Label(root,text='标签 5',bg='black',fg='white')
label1.pack(side=LEFT,fill=Y)
label2.pack(side=RIGHT,fill=Y)
label3.pack(side=TOP,expand=YES,fill=Y)
label4.pack(expand=YES,fill=BOTH)
label5.pack(anchor=E)
root.mainloop()
```

图 8-10 显示了各个标签在窗口中的位置，可调整窗口大小观察控件的位置变化。

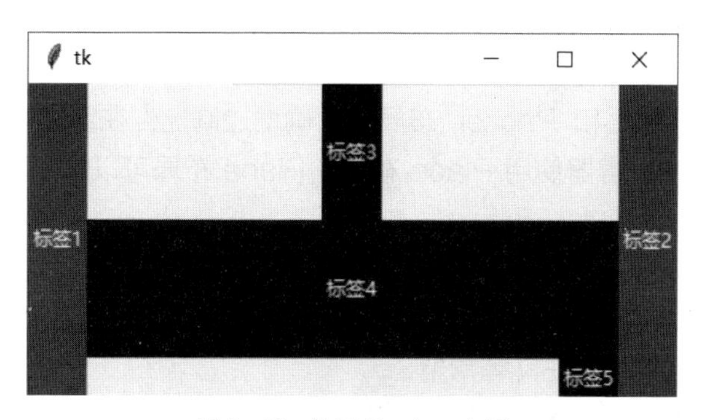

图 8-10　使用 Packer 布局

2. Grid 布局

Grid 布局又称为网格布局，它按照二维表格的形式，将容器划分为若干行和若干列，行列所在位置为一个单元格，类似于 Excel 表格。采用 grid()方法打包控件时，控件所在的容器使用 Grid 布局。

在 grid()方法中，用参数 row 设置控件所在的行，参数 column 设置控件所在的列。行列默认开始值为 0，依次递增。行和列的数字的大小表示了相对位置，数字越小表示位置越靠前。

示例代码如下。

```
from tkinter import *
label1=Label(text='标签 1',fg='white',bg='black')
label2=Label(text='标签 2',fg='red',bg='yellow')
label3=Label(text='标签 3',fg='white',bg='green')
label1.grid(row=0,column=3)                #标签 1 放在 0 行 3 列
label2.grid(row=1,column=2)                #标签 2 放在 1 行 2 列
label3.grid(row=1,column=1)                #标签 3 放在 1 行 1 列
mainloop()
```

程序运行显示的窗口如图 8-11 所示。

图 8-11　使用 Grid 布局

grid()方法常用的其他参数如下。

- rowspan：控件占用的行数。
- columnspan：控件占用的列数。
- sticky：控件在单元格内的对齐方式，可用常量为：N、S、W、E、NW、SW、NE、SE 和 CENTER，与 pack()方法的 anchor 参数值一致。
- ipadx 或 ipady：控件边框内部左右或上下预留空白宽度。
- padx 或 pady：控件边框外部左右或上下预留空白宽度。

3. Place 布局

Place 布局可以比 Grid 和 Packer 布局更精确地控制控件在容器中的位置。在调用控件的 place()方法时，控件所在的容器使用 Place 布局。Place 布局可以与 Grid 或 Packer 布局同时使用。

place()方法常用的参数如下。

- anchor：指定控件在容器中的位置，默认为左上角（NW），可使用 N、S、W、E、NW、SW、NE、SE 和 CENTER 等常量。
- bordermode：指定在计算位置时，是否包含容器边界宽度，默认为 INSIDE（要计算容器边界），OUTSIDE 表示不计算容器边界。
- height、width：指定控件的高度和宽度，默认单位为像素。
- relheight、relwidth：按容器高度和宽度的比例来指定控件的高度和宽度，取值范围为 0.0~1.0。
- x、y：用绝对坐标指定控件的位置，坐标默认单位为像素。
- relx、rely：按容器高度和宽度的比例来指定控件的位置，取值范围为 0.0~1.0。

在使用坐标时，容器左上角为原点(0,0)，图 8-12 显示了容器的坐标系。

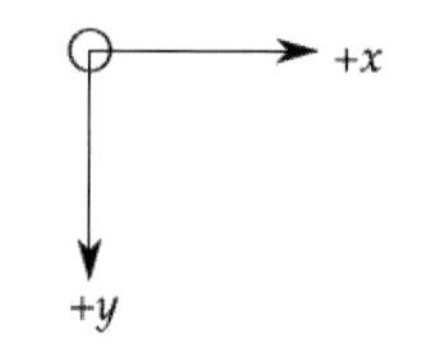

图 8-12　容器的坐标系

示例代码如下。

```
from tkinter import *
label1=Label(text='标签 1',fg='white',bg='black')
label2=Label(text='标签 2',fg='red',bg='yellow')
label3=Label(text='标签 3',fg='white',bg='green')
label1.place(x=0,y=0)
label2.place(x=50,y=50)
label3.place(relx=0.5,rely=0.2)
mainloop()
```

程序运行显示的窗口如图 8-13 所示。

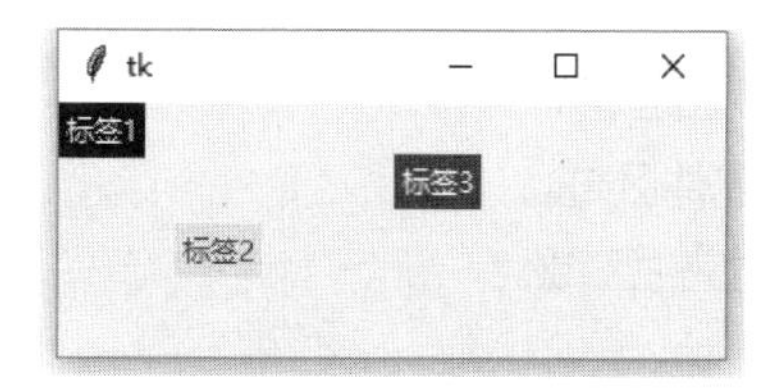

图 8-13　使用 Place 布局

8.4.4　事件处理

事件通常指用户在窗口中的动作，如单击鼠标、按下键盘某个键等。

可用 command 参数为控件指定鼠标单击时执行的函数。在发生事件时执行的函数称为事件处理函数，或者叫回调函数。部分控件，如单选按钮、复选框、标尺、滚动条等，都支持 command 参数。

8.4.4　事件处理

示例代码如下。

```
from tkinter import *
label1=Label(text='事件处理')
label1.pack()
def showmsg1():
    label1.config(text='单击了按钮 1')
def showmsg2():
    label1.config(text='单击了按钮 2')
bt1=Button(text='按钮 1',command=showmsg1)
bt2=Button(text='按钮 2',command=showmsg2)
bt1.pack()
bt2.pack()
mainloop()
```

图 8-14 显示了窗口初始状态以及单击“按钮 1”和“按钮 2”时的状态。

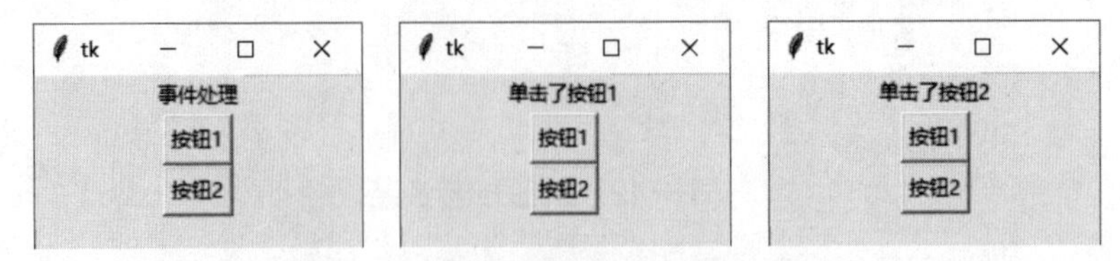

图 8-14　使用 command 参数实现的事件处理

command 参数只能为控件绑定单击事件处理函数。当事件发生时，Tkinter 会创建一个事件对象，该对象包含了事件的详细信息。command 参数绑定的事件处理函数不能获得事件对象。要使用事件对象，需要使用 bind()方法为控件绑定事件处理函数。bind()方法接收事件名称和事件处理函数名称作为参数，基本格式如下。

```
控件.bind(事件名称,函数名称)
```

常用的鼠标和键盘事件名称如下。

- <Button-n>：单击鼠标键，n 为 1 表示左键，2 表示中间键，3 表示右键。
- <B1-Motion>：按住鼠标左键拖曳。
- <Double-Button-1>：双击左键。
- <Enter>：鼠标指针进入控件区域。
- <Leave>：鼠标指针离开控件区域。
- <MouseWheel>：滚动滚轮。
- <KeyPress-A>：按下【A】键，“A”可用其他键替代。
- <Alt-KeyPress-A>：按下【ALT+A】组合键，“alt”可用“Ctrl”和“Shift”等替代。
- <Lock-KeyPress-A>：大写状态下按【A】键。

事件对象常用的属性如下。

- char：按键字符，仅对键盘事件有效。
- keycode：按键名，仅对键盘事件有效。
- keysym：按键编码，仅对键盘事件有效。
- num：鼠标按键，仅对鼠标事件有效。
- type：所触发的事件类型。
- widget：引起事件的组件。
- width、height：组件改变后的大小，仅对 Configure 事件有效。
- x、y：鼠标当前位置，相对于窗口。
- x_root、y_root：鼠标当前位置，相对于整个屏幕。

示例代码如下。

```
from tkinter import *
label1=Label(text='事件处理')
label1.pack()
def showmsg(event):
    obj=event.widget
```

```
    msg='事件名称: %s\n 控件: %s\n 鼠标位置: %s,%s' \
        % (event.type,event.widget['text'],event.x,event.y)
    label1.config(text=msg)

bt1=Button(text='按钮 1')
bt2=Button(text='按钮 2')
bt1.bind('<Button-1>',showmsg)
bt2.bind('<Button-3>',showmsg)
bt1.pack()
bt2.pack()
mainloop()
```

程序运行结果如图 8-15 所示。

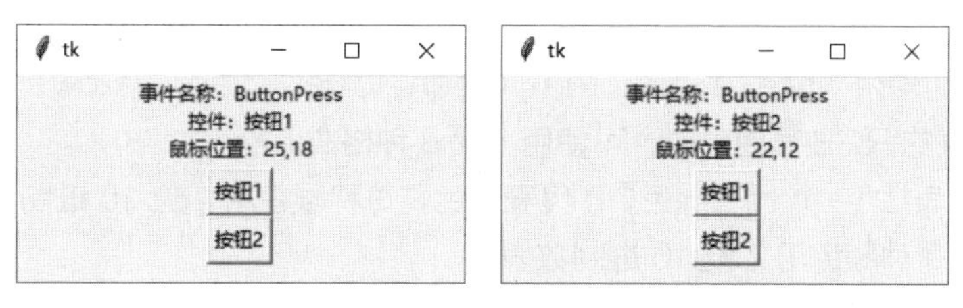

图 8-15　使用 bind()函数实现的事件处理

8.4.5　控件简介

Tkinter 常用的控件如下。

- Button：按钮。
- Canvas：画布，可以在其中绘制图形。
- Checkbutton：复选框。
- Entry：单行文本框。
- Text：多行文本框。
- Frame：框架，作为控件容器使用，可实现控件外观分组。
- LabelFrame：与 Frame 类似，LabelFrame 可以设置标题。
- Label：标签，可以显示文字或图片。
- Listbox：列表框。
- Menu：菜单。
- Menubutton：菜单按钮，可以替代 Menu 使用。
- Message：与 Label 组件类似，但是可以根据自身大小将文本换行。
- Radiobutton：单选按钮。
- Scale：滑块，允许通过滑块来设置数字值。
- Scrollbar：滚动条，配合 Canvas、Entry、Listbox 和 Text 等控件使用。
- Toplevel：顶层窗口，用来创建主窗口的子窗口。

Tkinter 提供了一组通用的属性来控制控件的外观和行为。可在创建控件时通过参数设置属性，也可以调用控件的 config()方法来设置属性。

1. 尺寸设置

在设置控件与尺寸相关的属性（如边框宽度 bd、容器的宽度 width 或高度 height 等）且直接使用整数时，其默认单位为像素。尺寸单位可使用：c（厘米）、m（微米）、i（英寸，1 英寸约等于 2.54 厘米）、p（点，1 点约等于 1/72 英寸）。数值带单位时，需使用字符串表示尺寸，示例代码如下。

```
label1.config(bd=2)          #设置边框宽度为 2 个像素
label2.config(bd='0.2c')     #设置边框宽度为 0.2 厘米
```

2. 颜色设置

颜色属性（如背景色、前景色等）可设置为颜色字符串，字符串中可使用标准颜色名称或以符号“#”开头的 RGB 颜色值。

标准颜色名称可使用 white、black、red、green、blue、cyan、yellow、magenta 等。

使用“#”开头的 RGB 颜色值时，可使用下面 3 种格式。

- #rgb：r 代表红色，g 代表绿色，b 代表蓝色，每种颜色用 1 位 16 进制数表示。
- #rrggbb：每种颜色用 2 位 16 进制数表示。
- #rrrgggbbb：每种颜色用 3 位 16 进制数表示。

示例代码如下。

```
label1.config(bg='#000fff000')
label2.config(bg='blue')
```

3. 字体设置

控件的 font 属性用于设置字体名称、字体大小和字体特征。font 属性通常为一个三元组，其基本格式为“(family,size,special)”。其中，family 为字体名称，size 为字体大小，special 为字体特征。special 字符串中可使用的关键字包括：normal（正常）、bold（粗体）、italic（斜体）、underline（加下划线）或 overstrike（加删除线）。

示例代码如下。

```
label1.config(font=('隶书',20,'bold italic underline overstrike'))
```

4. 显示图片

在 Windows 系统中，可调用 tkinter.PhotoImage 类来引用文件中的图片，然后通过控件的 image 属性使用图片。PhotoImage()类支持 gif、png 等格式的图片文件。

示例代码如下。

```
from tkinter import *
Tk()                           #必须先创建主窗体，然后才能调用 PhotoImage()函数输出图片
pic=PhotoImage(file='myback.png')
Label(image=pic).pack()        #在控件中显示图片
```

程序运行结果如图 8-16 所示。

图 8-16 在控件中显示图片

5. 使用绑定变量

绑定变量比较特殊，它与控件的特定属性关联在一起，两者始终保持相同。修改绑定变量的值，其关联的控件属性也立即变化；修改关联的控件属性的值，其绑定的变量的值也立即变化。

tkinter 模块提供了 4 种绑定变量：BooleanVar（布尔型）、StringVar（字符串）、IntVar（整数）和 DoubleVar（双精度）。绑定变量的创建方法如下。

```
var=BooleanVar()                #布尔型控制变量，默认值为 0
var=StringVar()                 #字符串控制变量，默认值为空字符串
var=IntVar()                    #整数控制变量，默认值为 0
var=DoubleVar()                 #双精度控制变量，默认值为 0.0
```

通常，可显示文本的控件，如标签、按钮、单行文本框、多行文本框、复选框等，均可用其 textvariable 属性绑定 StringVar 变量，绑定后控件的 text 属性与绑定变量同步。可返回数值的控件，则使用其 variable 属性绑定 BooleanVar、DoubleVar 或 IntVar 变量。例如，可使用 variable 属性为复选框绑定 BooleanVar 变量，这样在勾选复选框时绑定变量的值为 True，否则为 False。

为控件绑定变量后，可调用变量的 set()方法设置变量的值，变量值同步反映到控件。调用 get()方法可通过绑定变量返回控件的值。

示例代码如下。

```
from tkinter import *
Tk()
bvar=BooleanVar()
slabel=StringVar()
slabel.set('这是一个标签')
Label(text='标签',textvariable=slabel).pack()
Checkbutton(text='复选框',variable=bvar).pack()
def bt1click():
    bvar.set(True)
    slabel.set('复选框被选中，其值为：%s'%bvar.get())
def bt2click():
    bvar.set(False)
```

```
    slabel.set('复选框被取消，其值为：%s'%bvar.get())
bt1=Button(text='选中复选框',command=bt1click)
bt2=Button(text='取消复选框',command=bt2click)
bt1.pack()
bt2.pack()
mainloop()
```

程序运行结果如图 8-17 所示。

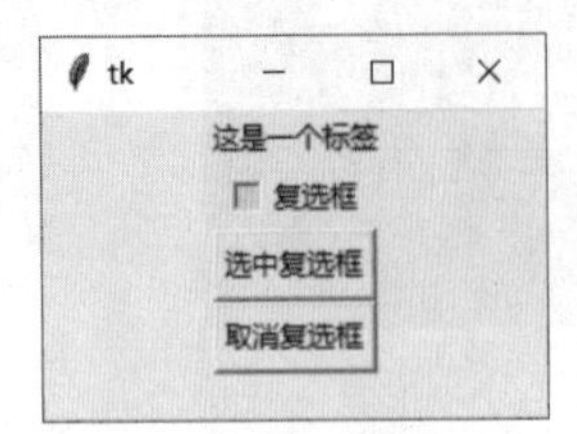

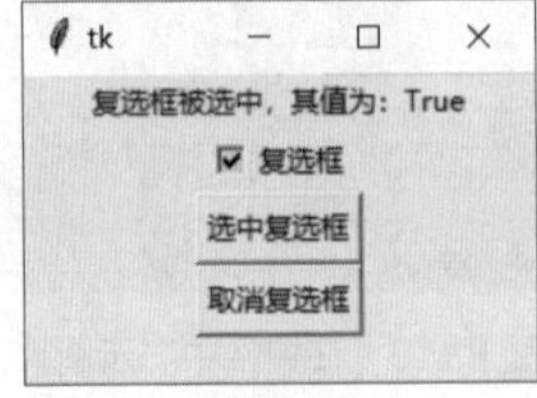

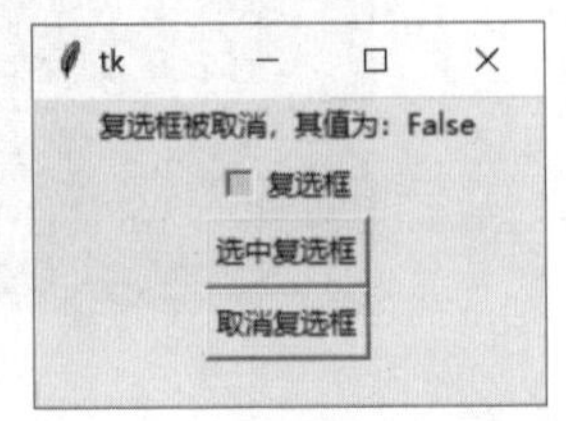

图 8-17　使用绑定变量

单选按钮 Radiobutton 用于实现多选一，此时需要将一组中的多个单选按钮控件绑定到同一个变量，示例代码如下。

```
from tkinter import *
root=Tk()
label1=Label(text='请为标签选择颜色')
label1.pack()

color=StringVar()
color.set('red')
label1.config(fg=color.get(),font=(None,20))
frame1=LabelFrame(relief=GROOVE,text='文字颜色：')
frame1.pack()
def changecolor():
    label1.config(fg=color.get())
#单选按钮绑定到同一个变量实现分组
radio1=Radiobutton(frame1,text='红色',variable=color,value='red',command=changecolor)
radio2=Radiobutton(frame1,text='绿色',variable=color,value='green',command=changecolor)
radio3=Radiobutton(frame1,text='蓝色',variable=color,value='blue',command=changecolor)
radio1.grid(row=1,column=1)
radio2.grid(row=1,column=2)
radio3.grid(row=1,column=3)
mainloop()
```

程序运行结果如图 8-18 所示。

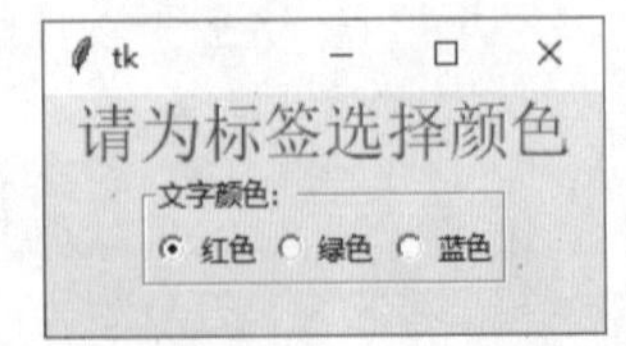

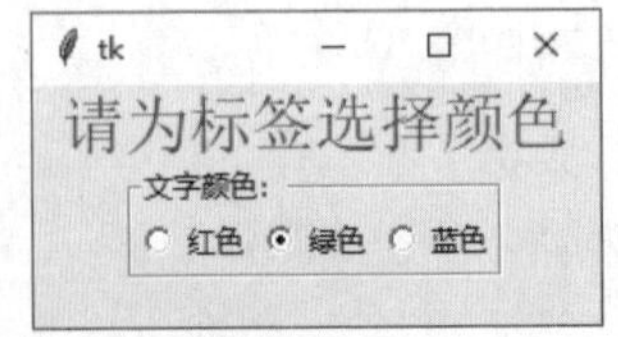

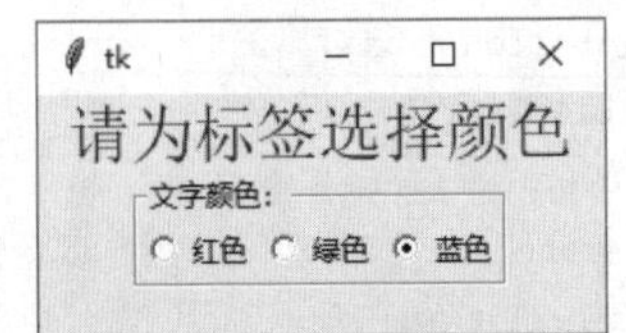

图 8-18　单选按钮分组

8.4.6 对话框

tkinter 的 messagebox、filedialog 和 colorchooser 子模块提供了各种通用对话框。

1. 消息对话框

messagebox 模块定义了显示各种消息对话框的函数。

8.4.6 对话框

- showinfo(title, message, options)：显示普通信息对话框。
- showwarning(title, message, options)：显示警告信息对话框。
- showerror(title, message, options)：显示错误信息对话框。
- askquestion(title, message, options)：显示问题对话框。
- askokcancel(title, message, options)：显示确认取消对话框。
- askyesno(title, message, options)：显示是否对话框。
- askyesnocancel(title, message, options)：显示是否取消对话框。
- askretrycancel(title, message, options)：显示重试对话框。

函数的各个参数均可省略，title 参数设置对话框标题，message 参数设置对话框内部显示的提示信息，options 为一个或多个附加选项。

各个 showXXX()函数返回字符串“ok”，askquestion()函数返回“yes”或“no”，askokcancel()函数返回 True 或 False，askyesno()函数返回 True 或 False，askyesnocancel()函数返回 True、False 或 None，askretrycancel()函数返回 True 或 False。

示例代码如下。

```
from tkinter.messagebox import *
title='通用消息对话框'
print("普通信息对话框：", showinfo(title, "这是普通信息对话框"))
print("警告信息对话框：", showwarning(title, "这是警告信息对话框"))
print("错误信息对话框：", showerror(title, "这是错误信息对话框"))
print("问题对话框：", askquestion(title, "这个问题正确吗？"))
print("确认取消对话框", askokcancel(title, "请选择确认或取消"))
print("是否对话框：", askyesno(title, "请选择是或否"))
print("是否取消对话框：", askyesnocancel(title, "请选择是、否或取消"))
print("重试对话框：", askretrycancel(title, "请选择重试或取消"))
mainloop()
```

程序运行时，显示的各个对话框如图 8-19 所示。

程序运行时，命令窗口会输出各个函数对应的返回值，例如。

```
普通信息对话框： ok
警告信息对话框： ok
错误信息对话框： ok
问题对话框： yes
确认取消对话框 True
是否对话框： True
是否取消对话框： True
重试对话框： True
```

图 8-19　各种通用消息对话框

2. 文件对话框

tkinter.filedialog 模块提供了标准的文件对话框，其中的常用函数如下。

- askopenfilename()：打开“打开”对话框，选择文件。若选中文件，则返回文件名，否则返回空字符串。
- asksaveasfilename()：打开“另存为”对话框，指定文件保存路径和文件名。如果指定文件名，则返回文件名，否则返回空字符串。
- askopenfile()：打开“打开”对话框，选择文件。如果选中文件，则返回以“r”模式打开的文件，否则返回 None。
- asksaveasfile()：打开“另存为”对话框，指定文件保存路径和文件名。若指定了文件名，则返回以“w”模式打开的文件，否则返回 None。

上述函数均打开系统的标准文件对话框，示例代码如下。

```
from tkinter import *
from tkinter.filedialog import *
from tkinter.messagebox import *
def bt1click():                                    #打开文件
    file=askopenfile()                             #选择要打开的文件
    if file:
        filestr=file.read()                        #获取文件内容
        file.close()
        text1.delete('1.0',END)                    #删除文本框原有数据
```

```
        text1.insert('1.0',filestr)          #将文件内容写入文本框
        text1.focus()
def bt2click():                              #文件另存为
    filename=asksaveasfilename()             #获取写入文件的名字
    if filename:
        data=text1.get('1.0',END)            #获取文本框内容
        open(filename,'w').write(data)       #写入文件
        showinfo('',"已成功保存文件")

frame1=Frame()
frame1.pack()
bt1=Button(frame1,text='打开文件...',command=bt1click)
bt2=Button(frame1,text='保存文件...',command=bt2click)
bt1.grid(row=0,column=0)
bt2.grid(row=0,column=1)
sc=Scrollbar()                               #创建滚动条
sc.pack(side=RIGHT,fill=Y)
text1=Text(yscrollcommand=sc.set)            #创建文本框，绑定滚动条
text1.pack(expand=YES,fill=BOTH)
sc.config(command=text1.yview)               #将文本框内置垂直滚动方法设置为滚动条回调函数
mainloop()
```

程序运行结果如图 8-20 所示。单击“打开文件...”按钮可打开系统的“打开”对话框选择文件，选中的文件内容显示在文本框中。单击“保存文件...”按钮可打开系统的“另存为”对话框，将文本框中的数据存入文件。

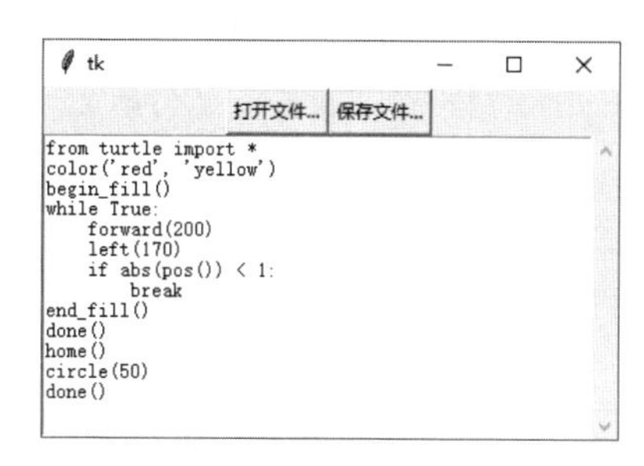

图 8-20　使用文件对话框

3. 颜色对话框

tkinter.colorchooser 模块的 askcolor()函数用于打开系统的标准颜色对话框。

在对话框中确认颜色并返回时，函数返回颜色值的元组。例如，选中红色返回的元组为“((255.99609375, 0.0, 0.0), '#ff0000')”，其中的“(255.99609375, 0.0, 0.0)”是 3 元组格式表示的 RGB 颜色中的红色；“#ff0000”为 16 进制格式表示的 RGB 颜色中的红色。

如果取消了颜色对话框，则返回“(None, None)”。

示例代码如下。

```
from tkinter import *
```

```
from tkinter.colorchooser import *
label1=Label(text='请单击按钮为标签设置颜色',relief=RIDGE)
label1.pack()
bt1=Button(text='设置颜色')
bt1.pack()
label2=Label(relief=RIDGE)
label2.pack()

def choosecolor():
    color=askcolor()
    label2.config(text='选择的颜色为: %s' % color[1])
    label1.config(fg='%s'%color[1])
bt1.config(command=choosecolor)
mainloop()
```

程序运行结果如图 8-21 所示。程序运行时，单击设置颜色按钮打开系统的“颜色”对话框。

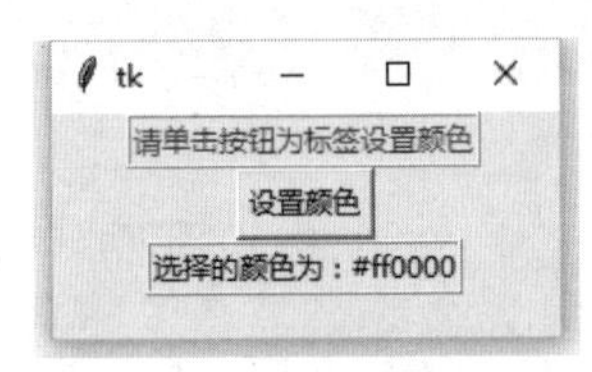

图 8-21　使用颜色对话框

8.5 综合实例

本节实例在 IDLE 创建一个 Python 程序，如图 8-22 所示。

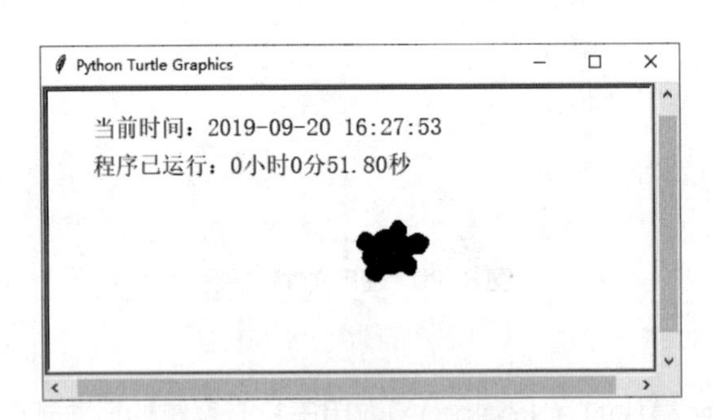

图 8-22　在绘图窗口中运动海龟

程序主要功能如下。

- 在绘图窗口中实时显示当前日期、时间和程序运行时间。
- 画笔使用海龟形状。
- 画笔在绘图窗口中运动，到达边框时随机选择另一个方向继续运动。
- 单击鼠标右键可使海龟暂停运动，单击鼠标左键可使海龟继续运动。

具体操作步骤如下。

（1）在 Windows 开始菜单中选择“Python 3.5\IDLE”命令，启动 IDLE 交互环境。

（2）在 IDLE 交互环境中选择“File\New”命令，打开源代码编辑器。

（3）在源代码编辑器中输入下面的代码。

```
import turtle,random,time
#getNextAngle()函数生成一个角度
#函数根据当前窗口大小，在窗口中随机选择一个点，
#用选择的点计算一个角度作为画笔新的运动方向
def getNextAngle():
    width=turtle.window_width()                                 #获得当前窗口宽度
    height=turtle.window_height()                               #获得当前窗口高度
    x=random.randint(-int(width/2)+50,int(width/2)-50)          #获得随机 x 坐标
    y=random.randint(-int(height/2)+50,int(height/2)-50)        #获得随机 y 坐标
    return turtle.towards(x,y)                                  #返回画笔新的运动方向

#run()函数让画笔在窗口中运动
#根据窗口重设画布大小，当画笔超出边框时，改变画笔方向继续运动
def run():
    width=turtle.window_width()                                 #获得当前窗口宽度
    height=turtle.window_height()                               #获得当前窗口高度
    turtle.screensize(width,height)                             #重新设置画布大小
    turtle.fd(10)                                               #沿当前方向前进 10 个像素
    #计算是否需要改变运动方向
    x=turtle.xcor()
    y=turtle.ycor()
    if x<-width/2+psize or x>width/2-psize or y<-height/2+psize or y>height/2-psize:
        turtle.setheading(getNextAngle())                       #超出边框时设置新的运动方向
    if running:
        turtle.ontimer(run,100)                                 #0.1 秒后调用函数本身，实现海龟连续运动

#start()函数在鼠标单击绘图窗口时调用，使海龟继续运动
def start(x,y):
    global running
    running=True
    run()
#stop()函数在鼠标右键单击绘图窗口时调用，使海龟停止运动
def stop(x,y):
    global running
    running=False

#printTime()函数在绘图窗口左上角实时输出当前日期、时间和程序运行时间
def printTime():
    width=turtle.window_width()                                 #获得当前窗口宽度
    height=turtle.window_height()                               #获得当前窗口高度
    turtle2.clear()                                             #清除原有输出
```

```
    turtle2.up()
    turtle2.goto(-int(width/2)+50,int(height/2)-50)#将画笔移动到时间输出位置
    time2=time.perf_counter()
    t=time2-time1                          #计算程序已运行时间
    h=int(t//3600)                         #获得小时数
    m=int((t-h*3600)//60)                  #获得分钟数
    s=t-h*3600-m*60                        #获得秒数
    ts=time.strftime('%Y-%m-%d %H:%M:%S')
    turtle2.write('当前时间: %s'% ts,font=("宋体", 14, "normal"))
    turtle2.goto(-int(width/2)+50,int(height/2)-80)    #将画笔移动到时间输出位置
    turtle2.write('程序已运行: %s 小时%s 分%.2f 秒'% (h,m,s),font=("宋体", 14, "normal"))
    turtle.ontimer(printTime,1000)         #1 秒后调用程序本身，刷新时间

turtle2=turtle.Turtle()                    #获得第二支画笔，用于输出时间
turtle2.ht()                               #隐藏画笔形状
time1=time.perf_counter()                  #记录程序开始运行的时间
turtle.shape('turtle')                     #设置画笔形状为海龟
turtle.up()                                #默认的画笔只运动，不绘图，所以抬起画笔
turtle.pencolor('blue')                    #设置画笔颜色
turtle.speed(0)                            #设置最快速度绘图
psize=10
turtle.pensize(psize)                      #设置画笔粗细
turtle.resizemode('auto')                  #使画笔根据粗细自动调整画笔形状大小
running=True                               #设置海龟运动标志，running 为 True 时运动，否则停止
turtle.onscreenclick(start)                #绑定屏幕鼠标单击事件处理函数
turtle.onscreenclick(stop,3,True)          #绑定屏幕鼠标右键单击事件处理函数
turtle.listen()
printTime()                                #输出时间
run()                                      #使默认画笔运动
turtle.done()
```

（4）按【Ctrl+S】组合键保存程序文件，将文件命名为 practice8.py。

（5）按【F5】键运行程序，运行结果如图 8-22 所示。

小　结

本章主要介绍了 Python 标准库中的 turtle 库、random 库、time 库和 Tkinter 库。turtle 库提供基本绘图功能，random 库提供随机数生成功能，time 库提供时间处理功能，Tkinter 库提供 GUI 实现功能。

习　题

一、单项选择题

1. turtle 库中的函数可用于（　　）。

A. 绘制图形　　B. 处理时间　　C. 生成随机数　　D. 爬取网页

2. 下列 turtle 函数中可改变画笔位置的是（　　）。
   A. rt()　　B. lt()　　C. pos()　　D. fd()
3. 下列关于随机数种子的说法正确的是（　　）。
   A. 随机数种子只能使用整数
   B. 随机数种子相同时，每次运行程序得到的随机数不相同
   C. 没有在程序中指定随机数种子时，Python 随机选择一个整数作为随机数种子
   D. random.seed()可将系统时间作为随机数种子
4. 下列函数中返回结果为字符串的是（　　）。
   A. time.time()　　B. time.gmtime()
   C. time.localtime()　　D. time.ctime()
5. 下列用于显示确认对话框的方法是（　　）。
   A. showinfo()　　B. showwarning()
   C. showerror()　　D. askquestion()

二、编程题

1. 以原点为中心，绘制一个边长为 100 的正六边形，填充其颜色为 Orange，线条颜色为 Purple，如图 8-23 所示。

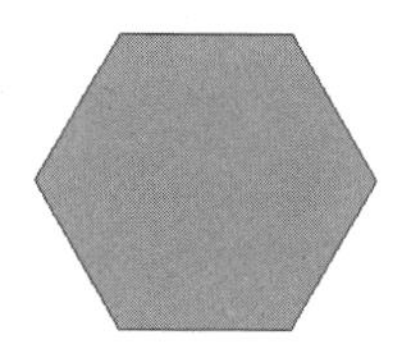

图 8-23　正六边形

2. 以原点为中心，绘制 5 个同心圆，半径分别为 20、40、60、80 和 100，填充颜色依次使用 Purple、Green、Gold、Red 和 Blue，如图 8-24 所示。

图 8-24　同心圆

3. 随机生成 1 000 个小写英文字母，统计每个字母的出现次数，输出格式如图 8-25 所示。

```
a:40    b:35    c:37    d:42    e:31    f:36
g:41    h:43    i:47    j:38    k:27    l:41
m:34    n:40    o:34    p:46    q:33    r:44
s:39    t:36    u:38    v:32    w:40    x:35
y:45    z:46
```

图 8-25　统计随机字母出现次数

4. 随机生成 10 个 1 000 以内的素数，按从小到大的顺序输出，示例如下。

```
389 263 163 353 41 641 919 829 107 463
```

5. 绘制图 8-26 所示的时钟，在表盘中实时显示当前日期和时间，时钟的秒针、分针和时针根据当前时间实时变化位置。

图 8-26 绘制时钟

第9章 第三方库

第三方库是库（Library）、模块（Module）和程序包（Package）等第三方程序的统称。借助于第三方库，Python 被应用到信息领域的所有技术方向。Python 语言的开放社区和庞大规模的第三方库，构成了 Python 的计算生态。

第三方库需使用 pip 或其他工具安装到系统之后才能使用。本章主要介绍第三方库的安装方法、PyInstaller 库、jieba 库和 wordcloud 库。

知识要点

- 掌握第三方库的安装方法
- 学会使用 PyInstaller 库
- 学会使用 jieba 库
- 学会使用 wordcloud 库

9.1 第三方库安装方法

第三方库可使用 pip 工具安装，或者使用第三方库提供的工具安装。

9.1.1 使用 pip 安装第三方库

pip 是最简单、快捷的 Python 第三方库的在线安装工具，它可安装 95%以上的第三方库。使用 pip 工具安装第三方库时，pip 默认从 Python 包索引库（Python Package Index，PyPI）中下载需要的文件，能从 PyPI 中检索到的第三方库均可使用 pip 工具安装。在 Python 3 环境中，pip 和 pip3 的作用是相同的。

9.1.1 使用 pip 安装第三方库

1. 确认 Python 已安装

pip 需要在 Windows 系统的命令提示符窗口执行，首先需要确认可以在命令提示符窗口中运行 Python.exe。在命令提示符窗口中执行下面的命令检查 Python 的版本号。

```
D:\>python --version
Python 3.5.3
```

能显示版本号说明该计算机已正确安装了 Python，并且 Python 已添加到了系统的环境变量

PATH 中。

安装 Python 后，命令执行结果如下。

```
D:\>python --version
'python' 不是内部或外部命令，也不是可运行的程序
或批处理文件。
```

这说明还没有将 Python 添加到系统的环境变量 PATH 中，请参考附录 1 完成添加操作。

2. 确认 pip 工具已安装

在命令提示符窗口执行下面的命令查看 pip 版本号，确认 pip 可用。

```
D:\>pip --version
pip 19.3.1 from d:\python35\lib\site-packages\pip (python 3.5)
```

正确显示 pip 版本号说明 pip 可用。通常，Python 会默认安装 pip 工具，可执行下面的命令确认安装 pip，并将其升级到最新版本。

```
D:\>python -m ensurepip                          #确认 pip 已安装
D:\>python -m pip install --upgrade pip          #升级 pip 到最新版本
```

3. 使用 pip 工具安装第三方库

使用 pip 工具安装第三方库的命令格式如下。

```
pip install 库名称
pip install 库名称==版本号
```

示例代码如下。

```
D:\ >pip install django
```

可安装指定版本的第三方库，示例代码如下。

```
D:\>pip install django==2.1
```

4. 升级第三方库

升级第三方库的命令格式如下。

```
pip install --upgrade 库名称
```

示例代码如下。

```
D:\>pip install --upgrade django
```

5. 卸载第三方库

pip 卸载第三方库的命令格式如下。

```
pip uninstall 库名称
```

示例代码如下。

```
D:\>pip uninstall django
```

6. 查看已安装的第三方库

pip list 命令可查看已安装的第三方库，示例代码如下。

```
D:\>pip list
Package                  Version
--------------------     ---------
-jango                   2.1.7
altgraph                 0.16.1
Django                   2.2.2
future                   0.17.1
virtualenv               16.4.3
virtualenvwrapper-win    1.2.5
wfastcgi                 3.0.0
```

9.1.2 使用第三方库安装程序

部分 Python 第三方库提供了安装程序，通过安装程序可将库安装到 Python 的第三方库目录“Lib\site-packages”中。

9.1.2 使用第三方库安装程序

下面的步骤使用安装程序安装 Python 密码学工具包 PyCrypto（9.3.3 节会使用到该库）。

（1）在 PyCrypto 主页下载安装程序的压缩包（如 pycrypto-2.6.1.tar.gz）。

（2）解压缩安装程序包 pycrypto-2.6.1.tar.gz。

（3）在 Windows 命令提示符窗口进入安装程序所在目录，然后运行“python setup.py install”语句执行安装操作，示例代码如下。

```
C:\Users\china\Downloads\pycrypto-2.6.1>python setup.py install
running install
running build
running build_py
creating build
creating build\lib.win-amd64-3.7
creating build\lib.win-amd64-3.7\Crypto
copying lib\Crypto\pct_warnings.py -> build\lib.win-amd64-3.7\Crypto
......
```

特别提示：部分第三方库在安装过程中需要使用 Microsoft Visual C++生成工具，以便生成适用于当前系统的第三方库。如果系统中没有 Microsoft Visual C++生成工具，会导致第三方库安装失败。此时，需要先安装 Microsoft Visual C++生成工具。本书随源代码一起提供了 Microsoft Visual C++生成工具的安装程序 visualcppbuildtools.exe，读者也可从 Visual Studio 官方网站下载最新版的 Visual Studio 生成工具安装程序。

在 Windows 10 中安装 PyCrypto 的过程中如果遇到 inttypes.h 文件的语法错误，可按照下面的步骤解决。

（1）将“C:\Program Files (x86)\Microsoft Visual Studio 14.0\VC\include\stdint.h”文件复制到“C:\Program Files (x86)\Windows Kits\10\include\10.0.18362.0\ucrt\”目录中。

（2）将“C:\Program Files (x86)\Windows Kits\10\include\10.0.18362.0\ucrt\inttypes.h”文件中的“#include <stdint.h>”修改为“#include "stdint.h"”。

9.2 第三方库简介

Python 拥有丰富的第三方库，涉及多种领域，例如网络爬虫、数据分析、文本处理、数据可视化、用户图形界面、机器学习、Web 开发、游戏开发等。可在 PyPI 查看可用的第三方库，它包括了绝大多数第三方库。

9.2.1 文本处理库简介

文件处理主要指读写 PDF、Microsoft Excel、Microsoft Word、HTML 和 XML 等常见文件。

9.2.1 文本处理库简介

本节介绍 4 种文本处理库：Pdfminer、Openpyxl、Python-docx 和 BeautifulSoup4。

1. Pdfminer

Pdfminer 库提供 PDF 文件解析功能，它包含两个命令行工具：pdf2txt.py 和 dumppdf.py。

pdf2txt.py 用于从 PDF 文件中提取文本内容。dumppdf.py 用于将 PDF 文件中的文本内容转化为 XML 格式，并可识别 PDF 文件中的图像。

可用下面的命令安装 Pdfminer 库。

```
pip install pdfminer
```

2. Openpyxl

Openpyxl 是一个用于处理 Microsoft Excel 文件的 Python 库，它支持 Excel 的 xls、xlsx、xlsm、xltx 和 xltm 等格式的文件，并可处理 Excel 文件中的工作表、表单和数据单元。

可用下面的命令安装 Openpyxl 库。

```
pip install openpyxl
```

3. Python-docx

Python-docx 是一个用于处理 Microsoft Word 文件的 Python 库，可对 Word 文件的常见样式进行编程，包括字符样式、段落样式、表格样式、页面样式等，并可对 Word 文件中的文本、图像等内容执行添加和修改操作。

可用下面的命令安装 Python-docx 库。

```
pip install python-docx
```

4. BeautifulSoup4

BeautifulSoup4 也称 Beautiful Soup 或 BS4，它是一个用于从 HTML 或 XML 文件中提取数据的 Python 库。

可用下面的命令安装 BeautifulSoup4 库。

```
pip install beautifulsoup4
```

9.2.2 数据分析库简介

数据分析主要指对数据执行各种科学或工程计算。本节介绍 3 种数据分析库：NumPy、Scipy

和 Pandas。

9.2.2 数据分析库简介

1. NumPy

NumPy 是使用 Python 进行科学计算的基本软件包，其功能包括强大的 N 维数组对象，复杂的（广播）功能，集成 C / C ++和 Fortran 代码的工具，线性代数函数、傅立叶变换函数和随机函数。NumPy 可以用作通用数据的高效多维容器，在其中可以定义任意数据类型。

可用下面的命令安装 NumPy 库。

```
pip install numpy
```

2. Scipy

Scipy 是在 NumPy 基础上实现的 Python 工具包，提供专门为科学计算和工程计算设计的库函数，主要包括聚类算法、物理和数学常数、快速傅立叶变换函数、积分和常微分方程求解器、插值和平滑样条函数、线性代数函数、N 维图像处理函数、正交距离回归函数、优化和寻根函数、信号处理函数、稀疏矩阵函数、空间数据结构和算法以及统计分布等模块。

使用下面的命令可安装 Scipy 库。

```
pip install scipy
```

3. Pandas

Pandas 是一个遵循 BSD 许可的开源库，为 Python 编程语言提供高性能、易于使用的数据结构和数据分析工具。Panda 适用于处理下列数据。

- 与 SQL 或 Excel 表类似的，具有异构列的表格数据。
- 有序和无序的时间序列数据。
- 带行、列标签的任意矩阵数据，包括同构或异构类型的数据。
- 任何其他形式的观测或统计数据集。

可用下面的命令安装 Pandas 库。

```
pip install pandas
```

9.2.3 数据可视化库简介

数据可视化主要指使用易于理解的图形来展示数据。本节介绍 3 种数据可视化库：Matplotlib、Seaborn 和 Mayavi。

9.2.3 数据可视化库简介

1. Matplotlib

Matplotlib 是一个 Python 2D 绘图库，可用于 Python 脚本、Python 命令行、IPython 命令行、Jupyter 笔记本和 Web 应用程序服务器等。使用 Matplotlib，只需几行代码就可以生成图表，如直方图、功率谱、条形图、误差图和散点图等。

可用下面的命令安装 Matplotlib 库。

```
pip install matplotlib
```

2. Seaborn

Seaborn 是一个用于绘制统计图形的 Python 库，它基于 Matplotlib，并与 Pandas 紧密结合。可用下面的命令安装 Seaborn 库。

```
pip install seaborn
```

3. Mayavi

Mayavi 提供 3D 数据处理和 3D 绘图功能，它既可作为独立的应用程序使用，也可作为 Python 库使用。

可用下面的命令安装 Mayavi 库。

```
pip install mayavi
```

9.2.4 网络爬虫库简介

网络爬虫用于执行 HTTP 访问，获取 HTML 页面。本节介绍 3 种 Python 爬虫库：Requests、Scrapy 和 Pyspider。

9.2.4 网络爬虫库简介

1. Requests

Requests 是基于 Python 的 urllib3 库实现的一个网络爬虫库。Requests 支持 Python 2.6~2.7、Python 3.3 及以上版本。

可使用下面的命令安装 Requests 库。

```
pip install requests
```

2. Scrapy

Scrapy 是一个用 Python 实现的，用于获取网站代码并提取结构化数据的应用程序框架。Scrapy 包含了网络爬虫系统应具备的基本功能，还可作为框架进行扩展，实现数据挖掘、网络监控和自动化测试等多种应用。

可用下面的命令安装 Scrapy 库。

```
pip install scrapy
```

3. Pyspider

Pyspider 是一个强大的 Web 页面爬取系统，其主要功能包括：用 Python 编写脚本，支持 Python 2 和 Python 3；提供 WebUI，包括脚本编辑器、任务监视器、项目管理器和结果查看器；支持 MySQL、MongoDB、Redis、SQLite、Elasticsearch、PostgreSQL（SQLAlchemy）等数据库；支持将 RabbitMQ、Beanstalk、Redis 和 Kombu 作为消息队列；任务优先级、失败重爬、定时爬网、周期性重复爬网、分布式架构、抓取 JavaScript 页面等。

可用下面的命令安装 Pyspider 库。

```
pip install pyspider
```

9.2.5 用户图形界面库简介

9.2.5 用户图形界面库简介

用户图形界面库用于为 Python 实现图形用户界面，本节介绍 3 种用户图形界面库：PyQt5、wxPython 和 PyGObject。

1. PyQt5

PyQt 是 Qt 应用程序框架的 Python 接口。PyQt5 支持 Qt 5，PyQt4 支持 Qt 4。

PyQt 不仅包含用于设计用户图形界面的 GUI 工具包和用户图形界面设计器 Qt Designer，还包括网络套接字、线程、Unicode、正则表达式、SQL 数据库、SVG、OpenGL、XML、功能齐全的 Web 浏览器、帮助系统、多媒体框架以及丰富的 GUI 小部件等。

可用下面的命令安装 PyQt5 库。

```
pip install PyQt5
```

2. wxPython

wxPython 是一个跨平台的 GUI 开发框架，它使 Python 程序员能够简单轻松地创建健壮且功能强大的图形用户界面程序。wxPython 包装了用 C++编写的 wxWidgets 库的 GUI 组件，其支持 Microsoft Windows、Mac OS 以及具有 GTK2 或 GTK3 库的 Linux 或其他类似 Unix 的系统。

可用下面的命令安装 wxPython 库。

```
pip install wxPython
```

3. PyGObject

PyGObject 是一个使用 GTK+开发的 Python 库，它为基于 GObject 的库（例如 GTK、GStreamer、WebKitGTK、Glib、GIO 等）提供 Python 接口。PyGObject 可用于 Python 2.7 及以上版本、Python 3.5 及以上版本、PyPy 和 PyPy3，支持 Linux、Windows 和 Mac OS 等系统。

可用下面的命令安装 PyGObject 库。

```
pip install -U PyGObject
```

9.2.6 机器学习库简介

机器学习库可为 Python 实现机器学习功能，本节介绍 3 种机器学习库：Scikit-learn、MXNet 和 TensorFlow。

9.2.6 机器学习库简介

1. Scikit-learn

Scikit-learn 是一个机器学习工具集，其主要特点包括：提供简单、高效的数据挖掘和数据分析工具；开源，每个人都可以访问，并且可以在各种情况下使用；基于 NumPy、SciPy 和 Matplotlib 构建；提供可商业使用的 BSD 许可证。

可用下面的命令安装 Scikit-learn 库。

```
pip install -U scikit-learn
```

2. MXNet

MXNet 是一个基于神经网络的深度学习计算框架，其主要功能如下。

- 混合前端：混合前端在 Gluon 渴望命令式模式和符号模式之间无缝过渡，以提供灵活性和速度。
- 分布式培训：通过双参数服务器和 Horovod 支持，可以在研究和生产中进行可扩展的分布式培训和性能优化。
- 8 种语言绑定：与 Python 深度集成，并支持 Scala、Julia、Clojure、Java、C++、R 和

Perl 等语言。

- 工具和库：繁荣的工具和库生态系统扩展了 MXNet，并启用了计算机视觉、NLP、时间序列等支持库。

可用下面的命令安装 MXNet 库。

```
pip install -U mxnet
```

3. TensorFlow

TensorFlow 是谷歌开发的机器学习计算框架。谷歌为 TensorFlow 构建了一个端到端的平台，并提供一个完整的生态系统帮助用户轻松构建和部署机器学习模型，解决机器学习计算中遇到的各种现实问题。

可用下面的命令安装 TensorFlow 库。

```
pip install tensorflow
```

9.2.7 Web 开发库简介

Web 开发库用于在 Python 中快速构建 Web 应用。本节介绍 3 种 Python Web 开发库：Django、Flask 和 Web2py。

9.2.7 Web 开发库简介

1. Django

Django 是 Python 中最出名、最成熟的 Web 框架。Django 功能全面，各模块之间紧密结合。Django 提供了丰富、完善的文档，可以帮助开发者快速掌握 Python Web 开发和及时解决学习中遇到的各种问题。

可用下面的命令安装 Django 库。

```
pip install django
```

2. Flask

Flask 是一个用 Python 实现的轻量级 Web 框架，被称为“微框架”。Flask 核心简单，可通过扩展组件增加其他功能。

可用下面的命令安装 Flask 库。

```
pip install flask
```

3. Web2py

Web2py 是一个大而全，为 Python 提供一站式 Web 开发支持的框架。它旨在快捷实现 Web 应用，其具有快速、安全以及可移植的数据库驱动应用，兼容 Google App Engine。

可用下面的命令安装 Web2py 库。

```
pip install web2py
```

9.2.8 游戏开发库简介

游戏开发库为 Python 提供各种游戏开发功能，本节介绍 3 种游戏开发库：PyGame、Panda3D 和 cocos2d。

1. PyGame

9.2.8 游戏开发库简介

PyGame 是一个简单的游戏开发功能库，它是一个免费的开源 Python 库，用于创建基于 SDL 库的多媒体应用程序。像 SDL 一样，PyGame 具有高度的可移植性，几乎可以在所有平台和操作系统上运行。

可用下面的命令安装 PyGame 库。

```
pip install pygame
```

2. Panda3D

Panda3D 是一个开源、跨平台的 3D 渲染和游戏开发库，其主要特点包括：完全免费；将 C ++ 的速度与 Python 的易用性相结合，可在不牺牲性能的情况下加快开发速度；跨平台，对新旧硬件提供广泛的支持。

可用下面的命令安装 Panda3D 库。

```
pip install panda3d
```

3. cocos2d

cocos2d 是一个构建 2D 游戏和图形界面应用的框架，其主要特点包括：提供用于管理场景切换的流控制；提供快速简便的精灵；用动作告诉精灵做什么；提供波浪、旋转、镜头等特效；支持矩形和六边形平铺地图；使用样式实现场景过渡；提供内置菜单；支持文本渲染；提供完善的文档以帮助学习；内置 Python 解释器和 BSD 许可证；基于 Pyglet，无外部依赖关系；提供 OpenGL 支持。

可用下面的命令安装 cocos2d 库。

```
pip install cocos2d
```

9.3 打包工具：PyInstaller

9.3.1 PyInstaller 库概述

9.3.1 PyInstaller 库概述

PyInstaller 是一个打包工具，它可将 Python 应用程序及其所有依赖项封装为一个包。用户无须安装 Python 解释器或其他任何模块，即可运行 PyInstaller 打包生成的应用程序。PyInstaller 支持 Python 2.7 和 Python 3.4 及以上版本，并捆绑了主要的第三方 Python 库，包括 Numpy、PyQt、Django、wxPython 等。

PyInstaller 已针对 Windows、Mac OS X 和 GNU / Linux 进行了测试，但它不是交叉编译器。要制作运行于特定系统的应用程序，需要在该系统中运行 PyInstaller。PyInstaller 可成功地在 AIX、Solaris 和 FreeBSD 等系统中运行，但还未针对这些系统进行测试。

PyInstaller 目前最新的稳定版本号为 3.5。

9.3.2 安装 PyInstaller

9.3.2 安装 PyInstaller

在 Windows 环境中，PyInstaller 需要 Windows XP 或更高版本，同时需要安装两个模块：PyWin32（或 Pypiwin32）和 Pefile。PyInstaller 库推荐同时安装 pip-Win。

在 Windows 命令提示符窗口执行“pip install pyinstaller”命令安装 PyInstaller，示例代码如下。

```
    D:\>pip install pyinstaller
    Collecting pyinstaller
      Downloading
https://files.pythonhosted.org/packages/e2/c9/0b44b2ea87ba36395483a672fddd07e6a9cb2b8d3c4a28d7ae76c7e7e1e5/PyInstaller-3.5.tar.gz (3.5MB)
         |████████████████████████████████| 3.5MB 15kB/s
      Installing build dependencies ... done
      ......
    Successfully built pyinstaller
    Installing collected packages: future, pefile, altgraph, pywin32-ctypes, pyinstaller
      Running setup.py install for future ... done
      Running setup.py install for pefile ... done
    Successfully installed altgraph-0.16.1 future-0.17.1 pefile-2019.4.18 pyinstaller-3.5
pywin32-ctypes-0.2.0
```

pip 工具可自动安装 PyInstaller 需要的第三方库，包括 Future、Pefile、 Altgraph 以及 PyWin32。

9.3.3 使用 PyInstaller

9.3.3 使用 PyInstaller

PyInstaller 可将 Python 应用程序及其所有依赖项打包到一个文件夹或一个可执行文件中。

1. 基本命令格式

PyInstaller 在 Windows 命令提示符窗口执行，其基本命令格式如下。

```
pyinstaller [options] script [script …] | specfile
```

其中，options 为命令选项，可省略。script 为要打包的 Python 程序文件名，多个文件名之间用空格分隔。specfile 为规格文件，其扩展名为 spec。规格文件告诉 PyInstaller 如何处理脚本，它实际上是一个可执行的 Python 程序。PyInstaller 通过执行规格文件来打包应用程序。

PyInstaller 常用的命令选项如下。

- -h 或--help：显示 PyInstaller 帮助信息，其中包含了各个命令选项的用法。
- -v 或--version：显示 PyInstaller 版本信息。
- --distpath DIR：将打包生成文件的存放路径设置为 DIR，默认为当前目录下的 dist 子目录。
- --workpath WORKPATH：将工作路径设置为 WORKPATH，默认为当前目录下的 build

子目录。PyInstaller 会在工作路径中写入 log 或 pyz 等临时文件。

- --clean：在打包开始前清除 PyInstaller 的缓存和临时文件。
- -D 或--onedir：将打包生成的所有文件放在一个文件夹中，这是默认打包方式。
- -F 或--onefile：将打包生成的所有文件封装为一个 exe 文件。
- --specpath DIR：将存放生成的规格文件的路径设置为 DIR，默认为当前目录。
- -n NAME 或--name NAME：将 NAME 设置为打包生成的应用程序和规格文件的名称，默认为打包的第一个 Python 程序的文件名。
- --key KEY：将 KEY 作为加密的密码字符串。

2. 打包到文件夹

首先将需进行打包的 Python 应用程序（如 drawClock.py）复制到一个文件夹（如 D:\test）中，然后在该文件夹中执行“pyinstaller drawClock.py”命令，示例代码如下。

```
D:\test>pyinstaller drawClock.py
46 INFO: PyInstaller: 3.5
46 INFO: Python: 3.7.3
46 INFO: Platform: Windows-10-10.0.17763-SP0
62 INFO: wrote D:\test\drawClock.spec
62 INFO: UPX is not available.
62 INFO: Extending PYTHONPATH with paths
['D:\\test', 'D:\\test']
62 INFO: checking Analysis
62 INFO: Building Analysis because Analysis-00.toc is non existent
62 INFO: Initializing module dependency graph...
62 INFO: Initializing module graph hooks...
62 INFO: Analyzing base_library.zip ...
2483 INFO: running Analysis Analysis-00.toc
2483 INFO: Adding Microsoft.Windows.Common-Controls to dependent assemblies of final executable
  required by d:\python37\python.exe
2764 INFO: Caching module hooks...
2780 INFO: Analyzing D:\test\drawClock.py
2952 INFO: Loading module hooks...
……
4780 INFO: Building COLLECT COLLECT-00.toc
6357 INFO: Building COLLECT COLLECT-00.toc completed successfully.
```

从命令执行过程可看出，PyInstaller 首先会分析 Python 和 Windows 的版本信息以及 Python 应用程序需要的依赖，然后根据分析结果打包。

“pyinstaller drawClock.py”命令按顺序执行下列操作。

- 在当前文件夹中创建规格文件 drawClock.spec。
- 在当前文件夹中创建 build 子文件夹。
- 在 build 子文件夹中写入一些日志文件和临时文件。
- 在当前文件夹中创建 dist 子文件夹。

- 在 dist 文件夹中创建 drawClock 子文件夹。
- 将可执行文件 drawClock.exe 及相关文件写入 drawClock 子文件夹。

drawClock 子文件夹的内容即为 PyInstaller 打包的结果。

3. 打包为一个可执行文件

在 PyInstaller 命令中使用-F 或--onefile 选项，可将 Python 应用程序及其所有依赖打包为一个可执行文件，示例代码如下。

```
D:\test>pyinstaller --onefile drawClock.py
48 INFO: PyInstaller: 3.5
49 INFO: Python: 3.7.3
49 INFO: Platform: Windows-10-10.0.17763-SP0
50 INFO: wrote D:\test\drawClock.spec
53 INFO: UPX is not available.
54 INFO: Extending PYTHONPATH with paths
['D:\\test', 'D:\\test']
54 INFO: checking Analysis
54 INFO: Building Analysis because Analysis-00.toc is non existent
55 INFO: Initializing module dependency graph...
56 INFO: Initializing module graph hooks...
57 INFO: Analyzing base_library.zip ...
2445 INFO: running Analysis Analysis-00.toc
2447 INFO: Adding Microsoft.Windows.Common-Controls to dependent assemblies of final executable
  required by d:\python37\python.exe
2741 INFO: Caching module hooks...
2745 INFO: Analyzing D:\test\drawClock.py
2917 INFO: Loading module hooks...
……
6629 INFO: Appending archive to EXE D:\test\dist\drawClock.exe
6638 INFO: Building EXE from EXE-00.toc completed successfully.
```

PyInstaller 在打包一个可执行文件时，同样会创建规格文件、build 文件夹和 dist 文件夹，dist 文件夹保存打包生成的可执行文件，如 drawClock.exe。

4. 加密 Python 代码

在 PyInstaller 命令中可使用--key KEY 选项可以对打包生成的 Python 代码进行加密，示例代码如下。

```
D:\test>pyinstaller --key 'mydrawclock20191001' drawclock.py
```

PyInstaller 默认使用 PyCrypto 库进行加密，可参考 9.1.2 节内容安装 PyCrypto 库。

9.4 分词工具：jieba

英文文本中的单词通常用空格或其他符号分隔，所以不存在分词问题。中文文本中的文字都是连续的，要对词语进行相关的分析就需要执行分词操作。

9.4.1 jieba库概述

jieba库也称结巴库，它是一个优秀的Python中文分词库，支持Python 2和Python 3。jieba库的主要特点如下。

9.4.1 jieba库概述

- 支持3种分词模式：精确模式、全模式和搜索引擎模式。
- 支持繁体中文分词。
- 支持自定义词典。
- MIT授权协议。

jieba库分词的基本原理是基于一个中文词库，其将待分词文本中的词语与词库进行比对，根据词语概率进行分词。关于中文词法分析的基本原理，读者可访问GitHub网站的汉语词法分析（Lexical Analysis of Chinese，LAC）项目了解详细内容。读者也可访问“词法分析-百度AI开放平台”网站体验百度提供的词法分析服务。

可用“pip install jieba”命令安装jieba库，示例代码如下。

```
D:\test>pip install jieba
Collecting jieba
  Downloading
https://files.pythonhosted.org/packages/71/46/c6f9179f73b818d5827202ad1c4a94e371a29473b7f043b736b4dab6b8cd/jieba-0.39.zip (7.3MB)
    |████████████████████████████████| 7.3MB 192kB/s
Installing collected packages: jieba
  Running setup.py install for jieba ... done
Successfully installed jieba-0.39
```

9.4.2 使用分词功能

jieba库分词功能支持3种模式。

9.4.2 使用分词功能

- 精确模式：将句子精确地按顺序切分为词语，适合文本分析。
- 全模式：把句子中所有可以成词的词语都切分出来，但是不能解决歧义。
- 搜索引擎模式：在精确模式的基础上，对长词再次切分，提高召回率，适合用于搜索引擎分词。

jieba库提供4个分词函数：cut(str,cut_all,HMM)、lcut(str,cut_all,HMM)、cut_for_search(str,HMM)和lcut_for_search(str,HMM)。

参数str为需要分词的字符串，str可以是Unicode、UTF-8或GBK字符串。注意：不建议直接输入GBK字符串，使用GBK字符串可能遇到无法预料的错误。参数cut_all为False时采用精确模式分词，cut_all为True时采用全模式分词。参数HMM为True时使用HMM模型，为False时不使用该模型。HMM模型指隐马尔可夫模型（Hidden Markov Model），是一个统计模型。

cut()和lcut()函数采用精确模式或全模式进行分词，cut_for_search()和lcut_for_search()函数采用搜索引擎模式进行分词。

cut()和cut_for_search()函数返回一个可迭代的generator对象，lcut()和lcut_for_search()函数返回一个列表对象。

示例代码如下。

```
>>> import jieba                                          #导入 jieba 库

>>> str='Python 已成为最受欢迎的程序设计语言'
>>> result=jieba.cut(str)                                 #默认使用精确模式
>>> print('，'.join(result))                               #用逗号连接各个词语，再输出
Python，已，成为，最，受欢迎，的，程序设计，语言

>>> result=jieba.cut(str,cut_all=True)                    #使用全模式
>>> print('，'.join(result))
Python，已成，成为，最，受欢迎，欢迎，的，程序，程序设计，设计，语言

>>> result=jieba.cut_for_search(str)                      #使用搜索引擎模式
>>> print('，'.join(result))
Python，已，成为，最，欢迎，受欢迎，的，程序，设计，程序设计，语言

>>> result=jieba.cut(str)                                 #返回 generator 对象
>>> for a in result:                                      #迭代 generator 对象
...   print(a,end='，')
...
Python，已，成为，最，受欢迎，的，程序设计，语言，

>>> jieba.lcut(str)                                       #返回列表
['Python', '已', '成为', '最', '受欢迎', '的', '程序设计', '语言']
>>> jieba.lcut_for_search(str)                            #返回列表
['Python', '已', '成为', '最', '欢迎', '受欢迎', '的', '程序', '设计', '程序设计', '语言']
```

9.4.3 使用词典

默认情况下，jieba 库使用自带的词典进行分词。jieba 库允许使用自定义的词典，以便包含默认词库里没有的词。虽然 jieba 库有新词识别能力，但是自行添加新词可以保证更高的分词正确率。

9.4.3 使用词典

词典是一个文本文件，必须为 UTF-8 编码。词典中一个词占一行，每一行分 3 部分：词语、词频（可省略）和词性（可省略），用空格隔开，顺序不可颠倒。省略词频时使用自动计算的能保证分出该词的词频，示例代码如下。

```
宣传办 5 n
终生学习
主题活动
```

jieba.load_userdict(file_name)函数用于加载自定义字典，其中，参数 file_name 为文件类对象或自定义词典的路径。

示例代码如下。

```
>>> str='宣传办开展全民终生学习主题活动'
>>> jieba.lcut(str)                                #使用默认词库分词
```

```
['宣传', '办', '开展', '全民', '终生', '学习', '主题', '活动']
>>> jieba.load_userdict('mydict.txt')                #加载自定义词典
>>> jieba.lcut(str)
['宣传办', '开展', '全民', '终生学习', '主题活动']
```

jieba 库允许在程序中动态修改词典，相关函数如下。

- add_word(word, freq=None, tag=None)：将 word 中的词语添加到词典，freq 为词频（可省略），tag 为词性（可省略）。
- del_word(word)：从词典中删除 word 中的词语。

示例代码如下。

```
>>> jieba.del_word('终生学习')                         #从词典中删除词语
>>> jieba.lcut(str)
['宣传办', '开展', '全民', '终生', '学习', '主题活动']
>> jieba.lcut('太阳花开得真好看')
['太阳', '花开', '得', '真', '好看']
>>> jieba.add_word('太阳花')                           #为词典添加词语
>>> jieba.lcut('太阳花开得真好看')
['太阳花', '开得', '真', '好看']
```

9.4.4 词性标注

jieba.posseg 模块中的 cut()和 lcut()函数可在分词的同时返回词语的词性，示例代码如下。

9.4.4 词性标注

```
>>> import jieba.posseg as pseg
>>> pseg.lcut('授予中将军衔')
[pair('授予', 'v'), pair('中将', 'n'), pair('军衔', 'n')]
```

带词性分词时，cut()函数返回的迭代对象和 lcut()函数返回的列表中包含的是 pair 对象，pair 对象封装了词语和词性。pair 对象的 word 属性值为词语，flag 属性值为词性。示例代码如下。

```
>>> r=pseg.cut('授予中将军衔')
>>> for a in r:
...   print('词语：%s\t 词性：%s'%(a.word,a.flag))
...
词语：授予      词性：v
词语：中将      词性：n
词语：军衔      词性：n
```

jieba 库常用的词性如下。

- a：形容词，取 adjective 的第 1 个字母。
- b：区别词，取“别”字的声母。
- c：连词，取 conjunction 的第 1 个字母。
- d：副词，取 adverb 的第 2 个字母，因其第 1 个字母“a”已用于形容词。
- e：叹词，取 exclamation 的第 1 个字母。

- f：方位词，取“方”字的声母。
- i：成语，取 idiom 的第 1 个字母。
- j：简称略语，取“简”字的声母。
- m：数词，取 numeral 的第 3 个字母，因 n、u 已有他用。
- n：名词，取 noun 的第 1 个字母。
- nr：人名，名词代码 n 和“人”字的声母合并。
- ns：地名，名词代码 n 和处所词代码 s 合并。
- o：拟声词，取 onomatopoeia 的第 1 个字母。
- p：介词，取 prepositional 的第 1 个字母。
- q：量词，取 quantity 的第 1 个字母。
- r：代词，取 pronoun 的第 2 个字母，因 p 已用于介词。
- t：时间词，取 time 的第 1 个字母。
- v：动词，取 verb 的第 1 个字母。
- vn：名动词，指具有名词功能的动词。动词代码 v 和名词代码 n 合并。
- w：标点符号。
- y：语气词，取“语”字的声母。

9.4.5 返回词语位置

jieba.tokenize()函数可返回一个可迭代对象，代表词语在原文中的起止位置，对象中的每个元素是一个三元组。三元组格式为“(word,start,end)”，其中 word 为词语，start 为词语在原文中的开始位置，end 为词语在原文中的结束位置，示例代码如下。

9.4.5 返回词语位置

```
>>> r=jieba.tokenize('授予中将军衔')
>>> for a in r:
...     print('词语：%s\t 开始位置：%s\t 结束位置：%s' % a)
...
词语：授予        开始位置：0        结束位置：2
词语：中将        开始位置：2        结束位置：4
词语：军衔        开始位置：4        结束位置：6
```

9.4.6 关键词提取

jieba 库提供两种关键词提取方法：基于 TF-IDF 算法的关键词提取和基于 TextRank 算法的关键词抽取。

9.4.6 关键词提取

1. 基于 TF-IDF 算法的关键词提取

jieba.analyse 模块中的 extract_tag()函数基于 TF-IDF 算法提取关键词，其基本格式如下。

```
extract_tag(sentence, topK=20, withWeight=False, allowPOS=())
```

参数 sentence 为用于提取关键词的文本。参数 topK 为按权重大小返回的关键词数量，默认值为 20。参数 withWeight 为是否返回关键词权重值，默认值为 False。参数 allowPOS 为词性筛选表，默认值为空，即不筛选；词性筛选表是一个元组，使用其他格式会影响筛选结果，示例代码如下。

```
>>> file=open('红楼梦.txt',encoding='utf-8')
>>> str=file.read()
>>> import jieba.analyse
>>> rs=jieba.analyse.extract_tags(str)                    #按默认设置提取关键词
>>> rs
['宝玉', '贾母', '凤姐', '王夫人', '老太太', '贾琏', '那里', '太太', '姑娘', '奶奶', '什么', '平儿', '
如今', '众人', '说道', '你们', '一面', '袭人', '黛玉', '只见']
>>> jieba.analyse.extract_tags(str,10,False,('nr',))      #按人名筛选，返回前10个关键词
['宝玉', '贾母', '凤姐', '王夫人', '老太太', '黛玉', '贾琏', '宝钗', '薛姨妈', '凤姐儿']
>>> rs=jieba.analyse.extract_tags(str,5,True,('nr',))     #返回关键词及权重值
>>> for k,w in rs:
...   print(k,'\t',w)
...
宝玉      0.8947148039918723
贾母      0.3367061493228116
凤姐      0.3126457001865601
王夫人    0.2822969988814088
老太太    0.2497960212587085
```

2. 基于 TextRank 算法的关键词抽取

jieba.analyse 模块中的 textrank()函数基于 TextRank 算法提取关键词，其基本格式如下。

```
textrank (sentence, topK=20, withWeight=False, allowPOS=('ns', 'n', 'vn', 'v'))
```

除了 allowPOS 参数的默认值不同，其余参数与 extract_tag()函数中的参数相同，示例代码如下。

```
>>> import jieba.analyse
>>> jieba.analyse.textrank(str)                           #按默认设置提取关键词
 ['只见', '出来', '姑娘', '起来', '众人', '太太', '没有', '知道', '说道', '奶奶', '不知', '听见', '只得
', '大家', '进来', '回来', '老爷', '东西', '不能', '告诉']
>>> jieba.analyse.textrank(str,10,False,('nr',))          #按人名筛选，返回前10个关键词
['宝玉', '贾母', '王夫人', '凤姐', '黛玉', '宝钗', '贾琏', '老太太', '贾政', '薛姨妈']
>>> rs=jieba.analyse.textrank(str,5,True,('nr',))         #返回关键词及权重值
>>> for k,w in rs:
...   print(k,'\t',w)
...
宝玉      1.0
贾母      0.45710755485515975
王夫人    0.4406656470479443
凤姐      0.3518571031227078
黛玉      0.29334836326493297
```

9.5 词云工具：wordcloud

9.5.1 wordcloud 库概述

词云是一种可视化的数据展示方法，它根据词语在文本中出现的频率设置词语在词云中的大小、颜色和显示层次，让人对关键词和数据的重点一目了然。图 9-1 显示了红楼梦中的词语生成的词云。

9.5.1 wordcloud 库概述

图 9-1 红楼梦词云

可用“pip3 install wordcloud”命令安装 wordcloud 库，示例代码如下。

```
D:\>pip3 install wordcloud
Collecting wordcloud
  Downloading
https://files.pythonhosted.org/packages/23/4e/1254d26ce5d36facdcbb5820e7e434328aed68e99938c75c9d4e2fee5
efb/wordcloud-1.5.0-cp37-cp37m-win_amd64.whl (153kB)
     |████████████████████████████████| 163kB 6.6kB/s
Requirement already satisfied: pillow in d:\python37\lib\site-packages (from wordcloud) (6.0.0)
Requirement already satisfied: numpy>=1.6.1 in d:\python37\lib\site-packages (from wordcloud) (1.17.2)
Installing collected packages: wordcloud
Successfully installed wordcloud-1.5.0
```

wordcloud 库需要 pillow 库和 numpy 库的支持，如果未安装这两个库，安装程序可自动安装。如果要将词云输出到文件，还需要安装 Matplotlib 库。

9.5.2 wordcloud 库函数

wordcloud 库的核心是 WordCloud 类，该类封装了 wordcloud 库的所有功能。通常先调用 WordCloud()函数创建一个 WordCloud 对象，然后调用对象的 generate()函数生成词云。

WordCloud()函数的基本格式如下。

9.5.2 wordcloud 库函数

```
    wordcloud.WordCloud(font_path=None, width=400, height=200, margin=2,
ranks_only=None, prefer_horizontal=0.9, mask=None, scale=1, color_func=None,
max_words=200, min_font_size=4, stopwords=None, random_state=None,
background_color='black', max_font_size=None, font_step=1, mode='RGB',
relative_scaling='auto', regexp=None, collocations=True, colormap=None,
normalize_plurals=True, contour_width=0, contour_color='black', repeat=False,
include_numbers=False, min_word_length=0)
```

其主要参数功能如下。

- font_path：字符串，指定字体文件（可包含完整路径），默认为 None。处理中文词云时需要指定正确的中文字体文件，才能在词云中正确显示汉字。

- width：整数，指定画布的宽度，默认为 400。
- height：整数，指定画布的高度，默认为 200。
- mask：指定用于绘制词云图形形状的掩码，默认为 None。掩码为 Numpy 库中的 ndarray 对象。
- max_words：整数，设置词云中词语的最大数量，默认为 200。
- min_font_size：整数，设置词云中文字的最小字号，默认为 4。
- font_step：整数，设置字号的增长间隔，默认为 1。
- stopwords：字符串集合，设置排除词列表，默认为 None。排除词列表中的词语不会出现在词云中。
- background_color：颜色值，设置词云的背景颜色，默认为“black”。
- max_font_size：整数，设置词云中文字的最大字号，默认为 None，根据高度自动调节。

WordCloud 对象的常用方法如下。

- generate(text)：使用字符串 text 中的文本生成词云，返回一个 WordCloud 对象。text 应为英文的自然文本，即文本中的词语按常用的空格、逗号等分隔。中文文本应先分词（如使用 jieba 库），然后将其使用空格或逗号连接成字符串。
- to_file(filename)：将词云写入图像文件。

9.5.3 生成词云

9.5.3 生成词云

1. 生成英文词云

英文文本可直接调用 generate()函数来生成词云，示例代码如下。

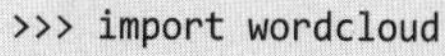

```
>>> import wordcloud
>>> text='Larger canvases with make the code significantly slower. If you need a large word cloud, try a lower canvas size, and set the scale parameter.'
>>> cloud=wordcloud.WordCloud().generate(text)
>>> cloud.to_file('english_cloud.jpg')
```

生成的词云如图 9-2 所示。

图 9-2 英文词云

2. 生成中文词云

中文文本应先分词（如使用 jieba 库），然后使用空格或逗号将它们连接成字符串，再调用 generate()函数来生成词云，示例代码如下。

```
>>> import wordcloud
>>> import jieba
```

```
>>> str=jieba.lcut('中文文本则应先分词，然后将其使用空格或逗号连接成字符串，再调用函数来生成词云')
>>> text=' '.join(str)
>>> cloud=wordcloud.WordCloud(font_path='simsun.ttc').generate(text)
>>> cloud.to_file('chinese_cloud.jpg')
```

生成的词云如图 9-3 所示。

图 9-3　中文词云

3. 使用词云形状

在 WordCloud()函数中，可使用 mask 参数指定词云图像的形状掩码。形状掩码是一个 numpy.ndarray 对象，可用 cv2.imread()函数将图像文件读取为 numpy.ndarray 对象。

可用下面的命令安装 cv2 库。

```
pip install opencv-python
```

下面的代码使用一个五角星图形生成形状掩码，用其来生成词云。

```
>>> import wordcloud,jieba,cv2
>>> str=jieba.lcut('中文文本则应先分词，然后将其使用空格或逗号连接成字符串，再调用函数来生成词云')
>>> text=' '.join(str)
>>> img=cv2.imread('star.jpg')
>>> cloud=wordcloud.WordCloud(font_path='stzhongs.ttf',background_color='white',mask=img,
width=800,height=600).generate(text)
>>> file=cloud.to_file('starcloud.jpg')
>>> img2=cv2.imread('starcloud.jpg')
>>> cv2.imshow('wordcloud',img2)
```

cv2.imshow()函数在窗口中显示词云图像，如图 9-4 所示。

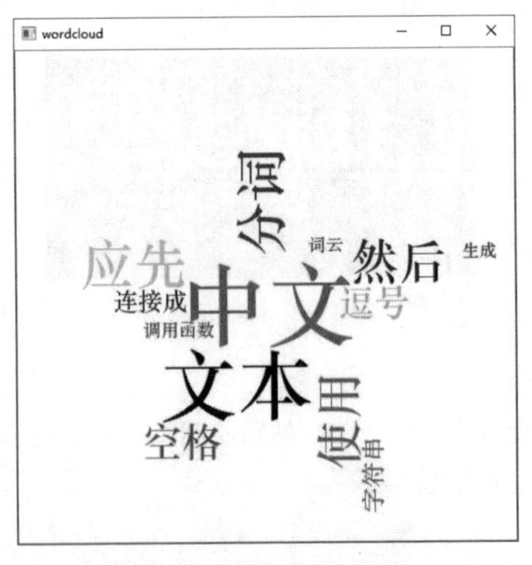

图 9-4　按图像形状生成词云

9.6 综合实例

本节实例在 IDLE 创建一个 Python 程序，统计红楼梦人物出现的次数，并生成人物词云。具体操作步骤如下。

9.6 综合实例

（1）在 Windows 开始菜单中选择“Python 3.5\IDLE”命令，启动 IDLE 交互环境。

（2）在 IDLE 交互环境中选择“File\New”命令，可打开源代码编辑器。

（3）在源代码编辑器中输入下面的代码。

```
import jieba.posseg as pseg
import wordcloud
import tkinter
from PIL import Image,ImageTk
file=open('红楼梦.txt',encoding='utf-8')                    #指定编码确保正确分词
str=file.read()
file.close()
wlist=pseg.lcut(str)                                         #分词，获得词语列表
wtimes={}
cstr=[];sw=[]
for a in wlist:                                              #统计词语出现的次数
    if a.flag== 'nr' :
        wtimes[a.word]=wtimes.get(a.word,0)+1                #将词语加入字典并计数
        cstr.append(a.word)
    else: sw.append(a.word)
wlist=list(wtimes.keys())
wlist.sort(key=lambda x:wtimes[x],reverse=True)              #按数量从大到小排序
for a in wlist[:10]:                                         #输出出场数最多的前 10 名
    print(a,wtimes[a],sep='\t')
text=' '.join(cstr)
cloud=wordcloud.WordCloud(font_path='simsun.ttc',background_color='white'
                          ,stopwords=sw,collocations=False,
                          ,width=800,height=600).generate(text)    #生成词云
file=cloud.to_file('redcloud.png')                           #将词云写入图像
root=tkinter.Tk()                                            #创建 Tk 窗口
img=Image.open('redcloud.png')                               #打开词云图像
pic=ImageTk.PhotoImage(img)
imgLabel=tkinter.Label(root,image=pic)                       #将词云作为标签图像
imgLabel.pack()                                              #打包标签
root.mainloop()
```

（4）按【Ctrl+S】组合键保存程序文件，将文件命名为 practice9.py。

（5）按【F5】键运行程序，IDLE 交互环境输出的人物及出现次数如下，人物词云如图 9-5 所示。

```
宝玉      3445
贾母      1166
凤姐      1070
```

```
王夫人      969
老太太      923
黛玉        841
宝钗        696
贾琏        681
薛姨妈      455
凤姐儿      432
```

图 9-5　红楼梦人物词云

小　结

本章首先介绍了如何安装 Python 第三方库，并简单介绍了各种第三方库，包括文本处理库、数据分析库、数据可视化库、网络爬虫库、用户图形界面库、机器学习库、Web 开发库以及游戏开发库等。最后详细讲解了 PyInstaller 库、jieba 库和 wordcloud 库。PyInstaller 库是一个打包工具，用于将 Python 应用程序及其所有依赖封装为一个独立的可执行文件，或者打包到独立的文件夹，以便分发给用户。jieba 库用于实现中文分词。wordcloud 库用于生成词云。

习　题

一、单项选择题

1. 下列关于 pip 的说法错误的是（　　）。

   A. 可用于安装 Python　　　　B. 可用于安装第三方库

   C. 可用于升级第三方库　　　　D. 可用于卸载第三方库

2. 下列选项中不能用于处理文本的第三方库是（　　）。

A. Pdfminer　B. Openpyxl　C. Django　D. Python-docx

3. 下列关于 jieba 库的描述错误的是（　　）。

A. 是一个中文分词 Python 库

B. 基于词库分词

C. 允许使用自定义词典

D. 提供精确模式、模糊模式、全模式和搜索引擎模式

4. 要在分词的同时返回词语的词性，应使用的函数是（　　）。

A. jieba.cut()　B. jieba.lcut()

C. jieba.tokenize()　D. jieba.posseg.cut()

5. 下列关于 wordcloud 库的说法错误的是（　　）。

A. 英文字符串可直接生成词云

B. 中文字符串需要先分词，再用空格或逗号等分隔符连接成字符串才能使用

C. 词语在词云中的位置是随机的，不能控制词云形状

D. 可将词云存为图像文件

二、编程题

1. 使用 jieba.cut_for_search()函数对“四川人都爱在早餐吃茶叶蛋”进行分词，分词结果输出在一行，词语之间用逗号分隔。

2. 使用 jieba.lcut()函数对“四川人都爱在早餐吃茶叶蛋”进行分词，要求“四川人”作为一个词语出现在分词结果中。分词结果输出在一行，词语之间用逗号分隔。

3. 任选一部小说，统计小说人物出现的次数，输出排名前 10 的人名。

4. 任选一部小说，生成小说人物词云。

5. 将实现第 4 小题的 Python 程序打包为一个 exe 文件。

第 10 章 面向对象

Python 从设计之初就是一种面向对象的程序设计语言。在 Python 内部，所有的数据均由对象和对象之间的关系来表示。对程序设计的初学者而言，不需要一开始就掌握面向对象，但理解面向对象的基本概念有助于更好地学习和使用 Python。

本章要点

- 理解 Python 的面向对象
- 学会定义和使用类
- 学会使用对象的属性和方法
- 学会使用类的继承
- 学会使用模块中的类

10.1 理解 Python 的面向对象

Python 具有类、对象实例、继承、重载、多态等面向对象特点，但与 C++、Java 等支持的面向对象的语言又有所不同。

10.1.1 面向对象的基本概念

面向对象的基本概念如下。

10.1.1 面向对象的基本概念

- 类和对象：描述对象属性和方法的集合称为类，它定义了同一类对象所共有的属性和方法。对象是类的实例，也称实例对象。
- 方法：类中定义的函数，用于描述对象的行为，也称方法成员。
- 属性：类中在所有方法之外定义的变量（也称类的顶层变量），用于描述对象的特点，也称数据成员。
- 封装：类具有封装特性，其内部实现不应被外界知晓，只需要提供必要的接口供外部访问即可。
- 实例化：创建一个类的实例对象。
- 继承：从一个基类（也称父类或超类）派生出一个子类时，子类拥有基类的属性和方法，称为继承。子类可以定义自己的属性和方法。

- 重载（override）：在子类中定义与父类方法同名的方法，称为子类对父类方法的重载，也称方法重写。
- 多态：指不同类型对象的相同行为产生不同的结果。

与其他面向对象的程序设计语言相比，Python 的面向对象机制更为简单。

10.1.2 Python 的类和类型

10.1.2 Python 的类和类型

Python 使用 class 语句来定义类，类通常包含一系列的赋值语句和函数定义。赋值语句定义类的属性，函数定义类的方法。

在 Python 3 中，类是一种自定义类型。Python 的所有类型（包括自定义类型），都是内置类型 type 的实例对象，例如，内置的 int、float、str 等都是 type 类型的实例对象。type()函数可返回对象的类型，示例代码如下。

```
>>> type(int)
<class 'type'>
>>> type(float)
<class 'type'>
>>> type(str)
<class 'type'>
>>> class test:                    #定义一个空类
...   pass
...
>>> type(test)
<class 'type'>
```

10.1.3 Python 中的对象

10.1.3 Python 中的对象

Python 中的一切数据都是对象，如整数、小数、字符串、函数、模块等。例如，下面的代码分别测试了字符串、整数、逻辑值和函数的类型。

```
>>> type('abc')
<class 'str'>
>>> type(123)
<class 'int'>
>>> type(True)
<class 'bool'>
>>> def fun():
...   pass
...
>>> type(fun)
<class 'function'>
```

可以看到字符串“abc”、整数 123、逻辑值 True 和函数 fun()的类型都是类，也就是说它们都是对象。

Python 中的对象可分为两种：类对象和实例对象。

类对象在执行 class 语句时创建。类对象是可调用的，类对象也称类实例。调用类对象会创建一个类的实例对象。类对象只有一个，而类的实例对象可以有多个。类对象和类的实例对象分别拥有自己的命名空间，它们在各自的命名空间内使用对象的属性和方法。

1. 类对象

类对象具有下列几个主要特点。

- Python 在执行 class 语句时创建一个类对象和一个变量（与类同名），变量引用类对象。与 def 语句类似，class 语句也是可执行语句。导入类模块时，会执行 class 语句。
- 类中的顶层赋值语句创建的变量是类的数据属性。类的数据属性使用“对象名.属性名”格式来访问。
- 类中的顶层 def 语句定义的函数是类的方法属性，使用“对象名.方法名()”格式来访问。
- 类的数据属性由类的所有实例对象共享。类的实例对象可读取类的数据属性值，但不能通过赋值语句修改类的数据属性值。

2. 实例对象

实例对象具有下列主要特点。

- 实例对象通过调用类对象来创建。
- 每个实例对象继承类对象的所有属性，并获得自己的命名空间。
- 实例对象拥有私有属性。通过赋值语句为实例对象的属性赋值时，如果该属性不存在，就会创建属于实例对象的私有属性。

10.2 定义和使用类

与 C++、Java 等语言相比，Python 提供了更简洁的方法来定义和使用类。

10.2.1 定义类

类定义的基本格式如下。

10.2.1 定义类

```
class 类名:
    赋值语句
    赋值语句
    ……
    def 语句定义函数
    def 语句定义函数
    ……
```

各种语句的先后顺序没有关系。例如，下面的代码在交互模式下定义类。

```
>>> class testclass:
...   data=100
...   def setpdata(self,value):
...     self.pdata=value
...   def showpdata(self):
...     print('self.pdata=',self.pdata)
...   print('已完成类的定义')
```

```
...
已完成类的定义
```

上述代码定义了一个 testclass 类，它有一个数据属性 data，两个方法属性 setpdata()和 showpdata()。在交互模式下，完成类定义时会立即执行 class 语句，类最后的 print()函数也被执行。

10.2.2 使用类

10.2.2 使用类

使用类对象可访问类的属性、创建实例对象，示例代码如下。

```
>>> type(testclass)        #测试类对象的类型
<class 'type'>
>>> testclass.data         #访问类对象的数据属性
100
>>> x=testclass()          #调用类对象创建第 1 个实例对象
>>> type(x)                #查看实例对象的类型，交互环境中的默认模块名称为__main__
<class '__main__.testclass'>
>>> x.setpdata('abc')      #调用方法创建实例对象的数据属性 pdata
>>> x.showpdata()          #调用方法显示实例对象的数据属性 pdata 的值
self.pdata = abc

>>> y=testclass()          #调用类对象创建第 2 个实例对象
>>> y.setpdata(123)        #调用方法创建实例对象的数据属性 pdata
>>> y.showpdata()          #调用方法显示实例对象的数据属性 pdata 的值
self.pdata = 123
```

10.3 对象的属性和方法

从面向对象的角度，属性表示对象的数据，方法表示对象的行为。Python 总是通过变量来引用各种对象，所以 Python 把类中的变量和函数统称为属性，分别称为数据属性和方法属性。

10.3.1 对象的属性

10.3.1 对象的属性

在 Python 中，实例对象拥有类对象的所有属性。可以用 dir()函数来查看对象的属性，示例代码如下。

```
>>> dir(testclass)         #查看类对象的属性
['__class__', '__delattr__', '__dict__', '__dir__', '__doc__', '__eq__', '__format__', '__ge__',
'__getattribute__', '__gt__', '__hash__', '__init__', '__le__', '__lt__', '__module__', '__ne__', '__new__',
'__reduce__', '__reduce_ex__', '__repr__', '__setattr__', '__sizeof__', '__str__', '__subclasshook__',
'__weakref__', 'data', 'setpdata', 'showpdata']
>>> x=testclass()
>>> dir(x)                 #查看实例对象的属性
['__class__', '__delattr__', '__dict__', '__dir__', '__doc__', '__eq__', '__format__', '__ge__',
```

```
'__getattribute__', '__gt__', '__hash__', '__init__', '__le__', '__lt__', '__module__', '__ne__', '__new__', '__reduce__', '__reduce_ex__', '__repr__', '__setattr__', '__sizeof__', '__str__', '__subclasshook__', '__weakref__', 'data', 'setpdata', 'showpdata']
```

可以看到，实例对象拥有类对象的所有属性。

1. 共享属性

类对象的数据属性是全局的，并可通过实例对象来引用。

testclass 类顶层的赋值语句“data=100”定义了类对象的属性 data，该属性可与所有实例对象共享，示例代码如下。

```
>>> x.data,y.data                        #访问共享属性
(100, 100)
>>> testclass.data=200                   #通过类对象修改共享属性
>>> x.data,y.data                        #访问共享属性
(200, 200)
```

需要注意的是，类对象的属性由所有实例对象共享，该属性的值只能通过类对象来修改。试图通过实例对象对共享属性赋值时，实质是创建实例对象的私有属性，示例代码如下。

```
>>> testclass.data=200                   #修改共享属性值
>>> x.data,y.data,testclass.data         #此时访问的都是共享属性值
(200, 200, 200)
>>> x.data='def'                         #此时为 x 创建私有属性 data
>>> x.data,y.data,testclass.data         #x.data 访问的是 x 的私有属性 data
('def', 200, 200)
>>> testclass.data=300
>>> x.data,y.data,testclass.data
('def', 300, 300)
```

可用 del 语句删除对象的属性，示例代码如下。

```
>>> del x.data                           #此时删除 x 的私有属性 data
>>> x.data                               #x.data 访问类对象的共享属性
300
```

在以“实例对象.属性名”格式访问属性时，Python 首先检查实例对象是否有匹配的私有属性，如果有则返回该属性的值；如果没有，则进一步检查类对象是否有匹配的共享属性，如果有则返回该属性的值；如果也没有，则产生 AttributeError 异常。

2. 实例对象的私有属性

实例对象的私有属性指以“实例对象.属性名=值”格式赋值时创建的属性。“私有”强调属性只属于当前实例对象，对其他实例对象而言是不可见的。

实例对象一开始只拥有继承自类对象的所有属性，没有私有属性。只有在给实例对象的属性赋值后，才会创建相应的私有属性，示例代码如下。

```
>>> x=testclass()                        #创建实例对象
>>> x.pdata                              #试图访问实例对象的属性，出错，属性不存在
Traceback (most recent call last):
  File "<stdin>", line 1, in <module>
```

```
AttributeError: 'testclass' object has no attribute 'pdata'
>>> x.setpdata(123)                              #调用方法为属性赋值
>>> x.pdata                                      #赋值后，可以访问属性
123
```

3. 对象的属性是动态的

Python 总是在第一次给变量赋值时创建变量。对于类对象或实例对象而言，当给不存在的属性赋值时，Python 为对象创建属性，示例代码如下。

```
>>> testclass.data2='abc'                        #赋值，为类对象添加属性
>>> x.data3=[1,2]                                #赋值，为实例对象添加属性
>>> testclass.data2,x.data2,x.data3              #访问属性
('abc', 'abc', [1, 2])
>>> dir(testclass)                               #查看类对象属性列表
['__class__', '__delattr__', ……, 'data', 'data2', 'setpdata', 'showpdata']
>>> dir(x)
['__class__', '__delattr__',……, 'data', 'data2', 'data3', 'pdata', 'setpdata', 'showpdata']
```

可以看到，赋值操作为对象添加了属性。并且，为类对象添加了属性时，实例对象也自动拥有了该属性。

10.3.2 对象的方法

在通过实例对象访问方法时，Python 会创建一个特殊对象：绑定方法对象，也称实例方法对象。此时，当前实例对象会作为一个参数传递给实例方法对象。所以在定义方法时，第一个参数名称通常为 self。使用 self 只是惯例，重要的是其位置，可以使用其他名称来代替 self。

10.3.2 对象的方法

通过类对象访问方法时，不会将类对象传递给方法，应按方法定义的形参个数提供参数，这与通过实例对象访问方法有所区别，示例代码如下。

```
>>> class test:
...     def add(a,b): return a+b         #定义方法，完成加法
...     def add2(self,a,b): return a+b   #定义方法，完成加法
...
>>> test.add(2,3)                        #通过类对象调用方法
5
>>> test.add2(2,3,4)                     #通过类对象调用方法，此时参数 self 的值为 2
7
>>> x=test()                             #创建实例对象
>>> x.add(2,3)                           #出错，输出信息显示函数接收到 3 个参数
Traceback (most recent call last):
  File "<stdin>", line 1, in <module>
TypeError: add() takes 2 positional arguments but 3 were given
```

```
>>> x.add2(2,3)                                   #通过实例对象完成加法
5
```

10.3.3　特殊属性和方法

Python 会为类对象添加一系列特殊属性，常用的特殊属性如下。

10.3.3　特殊属性和方法

- __name__：返回类的名称。
- __module__：返回类所在模块的名称。
- __dict__：返回包含类命名空间的字典。
- __bases__：返回包含基类的元组，按其在基类列表中的出现顺序排列。
- __doc__：返回类的文档字符串，如果没有则为 None。
- __class__：返回类对象的类型名称，与 type()函数的返回结果相同。

示例代码如下。

```
>>> class test:pass #
...
>>> test.__name__
'test'
>>> test.__module__
'__main__'
>>> print(test.__dict__)
{'__module__': '__main__', '__dict__': <attribute '__dict__' of 'test' objects>, '__weakref__':
<attribute '__weakref__' of 'test' objects>, '__doc__': None}
>>> test.__base__
<class 'object'>
>>> print(test.__doc__)
None
>>> test.__class__
<class 'type'>
```

Python 会为类对象添加一系列特殊方法，这些特殊方法在执行特定操作时被调用。可在定义类时定义这些方法，以取代默认方法，这称为方法的重载。类对象常用的特殊方法如下。

- __eq__()：计算 x==y 时调用 x.__eq__(y)。
- __ge__()：计算 x>=y 时调用 x.__ge__(y)。
- __gt__()：计算 x>y 时调用 x.__gt__(y)。
- __le__()：计算 x<=y 时调用 x.__le__(y)。
- __lt__()：计算 x<y 时调用 x.__lt__(y)。
- __ne__()：计算 x!=y 时调用 x.__ne__(y)。
- __format__()：在内置函数 format()和 str.format()方法中格式化对象时调用，返回对象的格式化字符。
- __dir__()：执行 dir(x)时调用 x.__dir__()。
- __delattr__()：执行 del x.data 时调用 x.__delattr__(data)。

- __getattribute__()：访问对象属性时调用。例如，a=x.data 等同于 a=x.__getattribute__(data)。
- __setattr__()：为对象属性赋值时调用。例如，x.data=a 等同于 x.__setattr__(a)。
- __hash__()：调用内置函数 hash(x)时，调用 x.__hash__()。
- __new__()：创建类的实例对象时调用。
- __init__()：类的初始化函数。例如，x=test()语句在创建 test 类的实例对象时，首先调用__new__()方法创建一个新的实例对象，然后调用__init__()方法执行初始化操作。完成初始化之后再返回实例对象，同时建立变量 x 对实例对象的引用。
- __repr__()：调用内置函数 repr(x)的同时调用 x.__repr__()，返回对象的字符串表示。
- __str__()：通过 str(x)、print(x)以及在 format()中格式化 x 时调用 x.__str__()，返回对象的字符串表示。

10.3.4 “伪私有”属性和方法

在 Python 中，可以以“类对象.属性名”或“实例对象.属性名”的格式在类的外部访问类的属性。在面向对象技术理论中，这种方式破坏了类的封装特性。

10.3.4 “伪私有”属性和方法

Python 提供了一种折中的方法，即使用双下画线作为属性和方法名称的前缀，从而使这些属性和方法不能直接在类的外部使用。以双下画线作为名称前缀的属性和方法称为类的“伪私有”属性和方法。

示例代码如下。

```
>>> class test:
...     data=100
...     __data2=200
...     def add(a,b):
...         return a+b
...     def __sub(a,b):
...         return a-b
...
>>> test.data                    #访问普通属性
100
>>> test.add(2,3)                #访问普通方法
5
>>> test.__data2                 #访问“伪私有”属性，出错，属性不存在
Traceback (most recent call last):
  File "<stdin>", line 1, in <module>
AttributeError: type object 'test' has no attribute '__data2'
>>> test.__sub(2,3)              #访问“伪私有”方法，出错，方法不存在
Traceback (most recent call last):
  File "<stdin>", line 1, in <module>
AttributeError: type object 'test' has no attribute '__sub'
```

Python 在处理“伪私有”属性和方法名称时，会加上“_类名”作为双下划线前缀的前缀。之

所以称为“伪私有”，指只要使用正确的名称，在类的外部也可以访问“伪私有”属性和方法，示例代码如下。

```
>>> test._test__data2            #访问“伪私有”属性
200
>>> test._test__sub(2,3)         #访问“伪私有”方法
-1
```

可使用 dir()函数查看类对象的“伪私有”属性和方法的真正名称，示例代码如下。

```
>>> dir(test)
['__class__', '__delattr__',……, '_test__data2', '_test__sub', 'add', 'data']
```

10.3.5 对象的初始化

Python 类的__init__()方法用于完成对象的初始化。如果没有为类定义__init__()方法，Python 会自动添加该方法。类对象执行__new__()方法创建完实例对象后，会立即调用__init__()方法对实例对象执行初始化操作。

示例代码如下。

10.3.5 对象的初始化

```
>>> class test:
...     def __init__(self,value):         #定义对象初始化方法
...         self.data=value               #为实例对象创建私有属性
...         print('实例对象初始化完毕')
>>> x=test(100)                           #调用类对象创建实例对象，自动调用初始化方法
实例对象初始化完毕
>>> x.data                                #输出实例对象已初始化的属性
100
```

10.3.6 静态方法

可使用@staticmethod 语句将方法声明为静态方法。通过实例对象调用静态方法时，不会像普通方法一样将实例对象本身作为隐含的第一个参数传递给方法。通过类对象和实例对象调用静态方法的效果完全相同。

示例代码如下。

10.3.6 静态方法

```
>>> class test:
...   @staticmethod             #声明下面的 add()为静态方法
...   def add(a,b):return a+b
...
>>> test.add(2,3)               #通过类对象调用静态方法
5
>>> x=test()                    #创建实例对象
>>> x.add(3,5)                  #通过实例对象调用静态方法
8
```

10.4 类的继承

通过继承，新类可以获得现有类的属性和方法。新类称作子类或派生类，被继承的类称作父类、基类或超类。在子类中可以定义新的属性和方法，从而完成对父类的扩展。

10.4.1 简单继承

10.4.1 简单继承

通过继承来定义新类的基本格式如下。

```
class 子类名(超类名):
    子类代码
```

示例代码如下。

```
>>> class supper_class:                  #定义超类
...     data=100
...     __data2=200
...     def showinfo(self):
...         print('超类 showinfo()方法中的输出信息')
...     def __showinfo(self):
...         print('超类__showinfo()方法中的输出信息')
...
>>> class sub_class(supper_class):pass   #定义空的子类，pass 表示空操作
...
>>> supper=dir(supper_class)             #获得超类的属性和方法列表
>>> sub=dir(sub_class)                   #获得子类的属性和方法列表
>>> supper==sub                          #True，说明超类和子类拥有的属性和方法相同
True
>>> sub_class.data                       #访问继承的属性
100
>>> sub_class._supper_class__data2       #访问继承的属性
200
>>> x=sub_class()                        #创建子类的实例对象
>>> x.showinfo()                         #调用继承的方法
超类 showinfo()方法中的输出信息
>>> x._supper_class__showinfo()          #调用继承的方法
超类__showinfo()方法中的输出信息
```

子类继承超类的所有属性和方法，包括超类的“伪私有”属性和方法，应注意“伪私有”属性和方法的正确访问方式。

10.4.2 在子类中定义属性和方法

10.4.2 在子类中定义属性和方法

Python 允许在子类中定义属性和方法。在子类中定义的属性和方法会覆盖超类中的同名属性和方法。在子类中定义与超类方法同名的方法，称为方法的重载，示例代码如下。

```
>>> class supper:                       #定义超类
...     data1=10
...     data2=20
...     def show1(self):
...         print('在超类的 show1()方法中的输出')
...     def show2(self):
...         print('在超类的 show2()方法中的输出')
...
>>> class sub(supper):                  #定义子类
...     data1=100                       #覆盖超类的同名变量
...     def show1(self):                #重载超类的同名方法
...         print('在子类的 show1()方法中的输出')
...
>>> [x for x in dir(sub) if not x.startswith('__')]        #显示子类的非内置属性
['data1', 'data2', 'show1', 'show2']

>>> x=sub()                             #创建子类实例对象
>>> x.data1,x.data2                     #data1 是子类自定义的属性，data2 是继承的属性
(100, 20)

>>> x.show1()                           #调用子类自定义的方法
在子类的 show1()方法中的输出

>>> x.show2()                           #调用继承的方法
在超类的 show2()方法中的输出
```

在子类中，可使用 super()函数返回超类的类对象，从而通过它访问超类的方法。也可以直接使用类对象调用超类的方法，示例代码如下。

```
>>> class sub(supper):                  #定义子类
...     data1=100
...     def show1(self):
...         print('在子类的 show1()方法中的输出')
...         supper.show1(self)         #调用超类的方法
...         super().show2(self)        #调用超类的方法
...
>>> x=sub()
>>> x.show1()
在子类的 show1()方法中的输出
在超类的 show1()方法中的输出
在超类的 show2()方法中的输出
```

10.4.3 调用超类的初始化函数

在子类的初始化函数中，通常应调用超类的初始化函数，Python 不会自动调用超类的初始化函数，示例代码如下。

```
>>> class test:                       #定义超类
...     def __init__(self,a):
...       self.supper_data=a
...
>>> class sub(test):                  #定义子类
...     def __init__(self,a,b):       #定义子类的构造函数
...       self.sub_data=a
...       super().__init__(b)         #调用超类的初始化函数
...
>>> x=sub(10,20)                      #创建子类实例对象
>>> x.supper_data                     #访问继承的属性
20
>>> x.sub_data                        #访问自定义属性
10
```

10.4.3 调用超类的初始化函数

如果注释掉子类 sub 中的“super().__init__(b)”语句，在代码中使用 x.supper_data 语句会出错，这是因为超类的初始化函数并没有运行，该属性不存在。

10.4.4 多重继承

10.4.4 多重继承

多重继承指子类可以同时继承多个超类。如果超类中存在同名的属性或方法，Python 按照从左到右的顺序在超类中搜索方法，示例代码如下。

```
>>> class supper1:                                          #定义超类 1
...     data1=10
...     data2=20
...     def show1(self):
...         print('在超类 supper1 的 show1()方法中的输出')
...     def show2(self):
...         print('在超类 supper1 的 show2()方法中的输出')
...
>>> class supper2:                                          #定义超类 2
...     data2=300
...     data3=400
...     def show2(self):
...         print('在超类 supper2 的 show2()方法中的输出')
...     def show3(self):
...         print('在超类 supper2 的 show3()方法中的输出')
...
>>> class sub(supper1,supper2):pass                         #定义空的子类
...
>>> [x for x in dir(sub) if not x.startswith('__')]         #显示子类的非内置属性
['data1', 'data2', 'data3', 'show1', 'show2', 'show3']
>>> x=sub()                                                 #创建子类的实例对象
>>> x.data1,x.data2,x.data3                                 #访问继承的属性
(10, 20, 400)
>>> x.show1()                                               #调用继承的方法
在超类 supper1 的 show1()方法中的输出
>>> x.show2()                                               #调用继承的方法
```

```
在超类 supper1 的 show2()方法中的输出
>>> x.show3()                                    #调用继承的方法
在超类 supper2 的 show3()方法中的输出
```

10.5 模块中的类

可以将模块中的类导入到当前模块使用。导入的类是模块对象的一个属性，与模块中的函数类似。

例如，在模块文件 classlib.py 中定义了一个 test 类，代码如下。

10.5 模块中的类

```
class test:
    data1=100
    def set(self,a):
        self.data2=a
    def show(self):
        print('data1=%s data2=%s' % (self.data1,self.data2))
if __name__=='__main__':
    print('模块独立运行的自测试输出：')
    x=test()
    x.set([1,2,3,4])
    x.show()
```

模块可以独立运行，运行时的输出结果如下。

```
模块独立运行的自测试输出：
data1=100 data2=[1, 2, 3, 4]
```

在交互模式下用 import 语句导入 classlib.py 模块，使用 test 类，示例代码如下。

```
>>> import classlib                  #导入模块
>>> x=classlib.test()                #调用类对象创建实例对象
>>> x.data1                          #访问类的共享属性 data1
100
>>> x.data1='Python'                 #为 data1 赋值，为实例对象创建私有属性
>>> x.set(200)                       #调用类方法设置属性值
>>> x.show()                         #调用类方法显示属性值
data1=Python data2=200
```

10.6 综合实例

本节实例在 IDLE 创建一个 Python 程序，可将输入的姓名和年龄以对象的形式存入文件，如果已存在姓名，则用新的年龄修改原数据。具体操作步骤如下。

10.6 综合实例

（1）在 Windows 开始菜单中选择“Python 3.5\IDLE”命令，启动 IDLE 交互环境。

（2）在 IDLE 交互环境中选择“File\New”命令，可打开源代码编辑器。

（3）在源代码编辑器中输入下面的代码。

```
class user:
    def __init__(self,name,age):                    #初始化对象
        self.name=name
        self.age=age
    def __str__(self):                              #定义对象如何转换为字符串
        return '(%s,%s)'%(self.name,self.age)
import pickle,os
if os.path.exists('userdata.dat'):                  #如果文件存在，则读取其中的用户列表
    file=open('userdata.dat','rb')
    users=pickle.load(file)
    file.close()
else:
    users=[]                                        #文件不存在时，创建空的用户列表
while True:
    name=input('请输入姓名：')
    age=input('请输入年龄：')
    isexists=False
    for n in range(len(users)):                     #检查姓名是否已存在
        if users[n].name==name:
            isexists=True
            break
    if isexists:
        users[n].age=age                            #姓名存在时，修改年龄
    else:                                           #姓名不存在时，创建对象并将其加入用户列表
        one=user(name,age)
        users.append(one)
    print('当前已有用户：')
    for a in users:                                 #输出当前用户
        print(a,end='，')
    print()
    x=input('是否继续(y/n)?')
    if x.upper()=='N':                              #退出时将用户列表存入文件
        file=open('userdata.dat','wb')
        pickle.dump(users,file)
        file.close()
        break
```

（4）按【Ctrl+S】组合键保存程序文件，将文件命名为 practice10.py。

（5）选择“Run\Run Module”命令，运行程序，结果如下所示。

```
请输入姓名：mike
请输入年龄：12
当前已有用户：
(mike,12)，(tome,13)，
是否继续(y/n)?y
请输入姓名：tome
请输入年龄：45
当前已有用户：
(mike,12)，(tome,45)，
是否继续(y/n)?n
```

小 结

本章主要介绍了 Python 面向对象程序设计的相关基础内容，包括定义和使用类、对象的属性和方法、类的继承以及模块中的类等知识点。对初学者而言，面向对象编程并不是必需的。但 Python 3 已经全面面向对象化，掌握面向对象程序设计的基础知识，有助于更好地学习 Python 的其他知识。

习 题

一、单项选择题

1. 下列说法错误的是（　　）。
   A. class 语句用于定义类
   B. Python 程序中所有的数据都是对象
   C. class 语句定义的类属于自定义类型，不是实例对象
   D. 类对象和类的实例对象是两种不同的对象
2. 下列关于类对象和实例对象的说法错误的是（　　）。
   A. 类的实例对象可以有很多个
   B. 类对象是唯一的
   C. 类的数据属性由类的所有实例对象共享
   D. 通过类对象和实例对象调用类方法时没有区别
3. 下面的程序运行后的输出结果是（　　）。

```
class test:
  x=10
a=test()
b=test()
a.x=20
test.x=30
print(b.x)
```

   A. 0　　B.10　　C. 20　　D.30
4. 下列关于属性的说法错误的是（　　）。
   A. 实例对象的所有属性均继承自类对象
   B. 可为实例对象添加属性
   C. 可为类对象添加属性
   D. 为类对象添加了属性后，实例对象自动拥有该属性
5. 下列关于继承的说法错误的是（　　）。
   A. 子类可继承多个父类
   B. 在子类方法中可以调用父类的方法
   C. 创建子类的实例对象时，子类和超类的初始化函数都会被自动调用
   D. 超类中名称以双下划线开头的属性和方法也会被子类继承

二、编程题

1. 请定义一个名称为 something 的类，该类有一个名称为 id 的数据属性和名称为 showid 的方法用于输出数据属性 id 的值。

2. 将第1题中的 something 类存入文件 somelib.py，然后在交互模式下创建 something 类的实例对象，将其 id 设置为100并用不同的方法输出。

3. 请在下面代码中的下划线处补充一条语句，使代码在运行时输出“10 20 30”。

```
class test:
    data=10
x=test()
y=test()
x.data=20
____________________
print(test.data,x.data,y.data)
```

4. 请定义一个类，为其定义一个用于存放一个整数列表的数据属性 data，data 初始值为空列表；为类定义一个方法 sum 用于计算 data 中所有整数的和。要求通过类对象和实例对象均可调用 sum 方法。

5. 请定义一个类来表示矩阵，要求如下。

（1）矩阵可初始化大小，例如，提供参数 m 和 n，可定义 m×n 的矩阵。

（2）可将以元组或列表方式表示的数据存入矩阵。

（3）可执行矩阵转置。

（4）可执行两个 m×n 矩阵的加法。

附录 1

将 Python 添加到系统的环境变量 PATH

在 Windows 10 中将 Python 添加到环境变量 PATH 的具体操作步骤如下。

（1）按【Windows+I】组合键，打开“Windows 设置”窗口。

（2）在搜索框中输入“环境变量”，输入时会自动显示搜索结果列表，如图 1 所示。

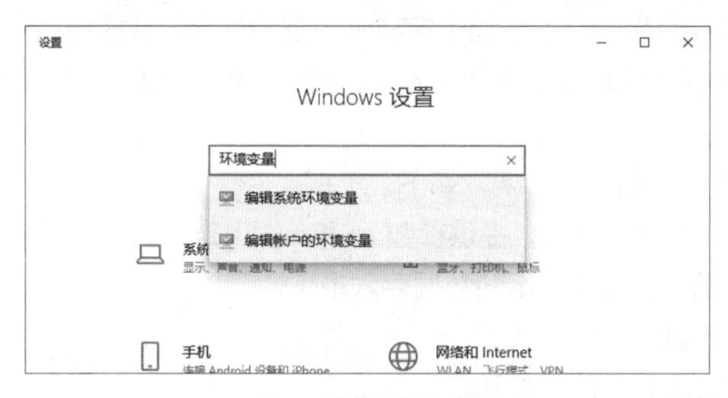

图 1　搜索环境变量

（3）在搜索结果列表中选择“编辑账户的环境变量”，打开“环境变量”对话框，如图 2 所示。

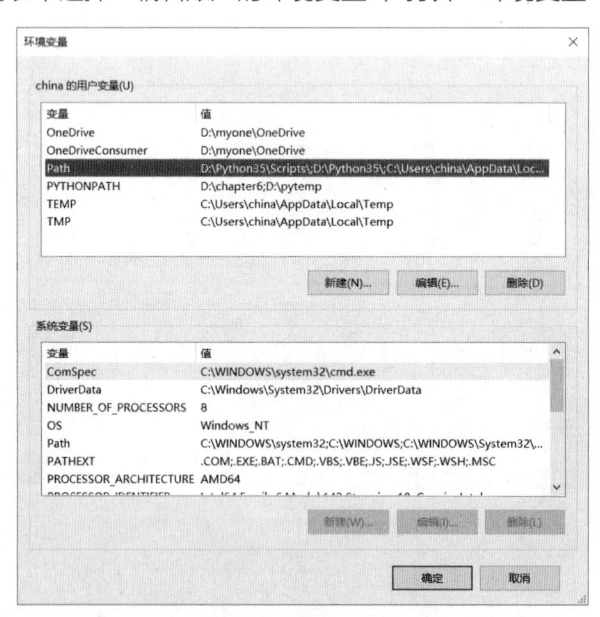

图 2　系统的环境变量对话框

（4）“环境变量”对话框包含“用户变量”和“系统变量”两个列表。“用户变量”只用于当前用户，“系统变量”用于系统全部用户。将 Python 添加到系统变量 PATH 或用户变量 PATH 中均可。在“用户变量”列表中双击 Path 变量，打开“编辑环境变量”对话框，如图 3 所示。

图 3　编辑环境变量对话框

（5）在“编辑环境变量”对话框单击空白行，再单击“浏览”按钮即可打开对话框选择要添加的路径。也可先单击“新建”按钮，再单击“浏览”按钮添加路径。将 Python 安装目录及其安装目录下的“\Scripts”这两个路径添加到环境变量中。图 3 中的前两个路径是为安装在“D:\Python35”目录中的 Python 添加的两个路径。

（6）完成设置后，依次单击“确定”按钮关闭对话框。

附录 2
ASCII 码对照表

ASCII 值	字符	ASCII 值	字符	ASCII 值	字符	ASCII 值	字符
0	NUL	32	空格	64	@	96	、
1	SOH	33	!	65	A	97	a
2	STX	34	"	66	B	98	b
3	ETX	35	#	67	C	99	c
4	EOT	36	$	68	D	100	d
5	ENQ	37	%	69	E	101	e
6	ACK	38	&	70	F	102	f
7	BEL	39	,	71	G	103	g
8	BS	40	(	72	H	104	h
9	HT	41	)	73	I	105	i
10	LF	42	*	74	J	106	j
11	VT	43	+	75	K	107	k
12	FF	44	,	76	L	108	l
13	CR	45	-	77	M	109	m
14	SO	46	.	78	N	110	n
15	SI	47	/	79	O	111	o
16	DLE	48	0	80	P	112	p
17	DC1	49	1	81	Q	113	q
18	DC2	50	2	82	R	114	r
19	DC3	51	3	83	S	115	s
20	DC4	52	4	84	T	116	t
21	NAK	53	5	85	U	117	u
22	SYN	54	6	86	V	118	v
23	STB	55	7	87	W	119	w
24	CAN	56	8	88	X	120	x
25	EM	57	9	89	Y	121	y
26	SUB	58	:	90	Z	122	z
27	ESC	59	;	91	[	123	{
28	FS	60	<	92	/	124	|
29	GS	61	=	93	]	125	}
30	RS	62	>	94	^	126	`
31	US	63	?	95	_	127	DEL

注：ASCII 为美国信息交换标准代码，采用 7 位编码，共有 128 个字符。

附录 3
常用颜色对照表

颜色名称	RGB	16 进制颜色值
AliceBlue	240 248 255	#F0F8FF
Azure	240 255 255	#F0FFFF
Beige	245 245 220	#F5F5DC
Bisque	255 228 196	#FFE4C4
Black	0 0 0	#000000
Blue	0 0 255	#0000FF
Brown	165 42 42	#A52A2A
Chocolate	210 105 30	#D2691E
Coral	255 127 80	#FF7F50
Cyan	0 255 255	#00FFFF
DimGrey	105 105 105	#696969
Gold	255 215 0	#FFD700
Green	0 255 0	#00FF00
Grey	190 190 190	#BEBEBE
Honeydew	240 255 240	#F0FFF0
Ivory	255 255 240	#FFFFF0
lavender	230 230 250	#E6E6FA
LightBlue	173 216 230	#ADD8E6
Linen	250 240 230	#FAF0E6
Maroon	176 48 96	#B03060
MintCream	245 255 250	#F5FFFA
Moccasin	255 228 181	#FFE4B5
Orange	255 165 0	#FFA500
Orchid	218 112 214	#DA70D6
Peru	205 133 63	#CD853F
Pink	255 192 203	#FFC0CB

续表

颜色名称	RGB	16 进制颜色值
Plum	221 160 221	#DDA0DD
Purple	160 32 240	#A020F0
Red	255 0 0	#FF0000
Salmon	250 128 114	#FA8072
Seashell	255 245 238	#FFF5EE
Sienna	160 82 45	#A0522D
SlateBlue	106 90 205	#6A5ACD
Snow	255 250 250	#FFFAFA
Tan	210 180 140	#D2B48C
Tomato	255 99 71	#FF6347
Wheat	245 222 179	#F5DEB3
White	255 255 255	#FFFFFF
Yellow	255 255 0	#FFFF00

附录 4 全国计算机等级考试二级 Python 语言程序设计考试大纲（2018 年版）

基本要求

1. 掌握 Python 语言的基本语法规则。
2. 掌握不少于 2 个基本的 Python 标准库。
3. 掌握不少于 2 个 Python 第三方库，掌握获取并安装第三方库的方法。
4. 能够阅读和分析 Python 程序。
5. 熟练使用 IDLE 开发环境，能够将脚本程序转变为可执行程序。
6. 了解 Python 计算生态在以下方面（不限于）的主要第三方库名称：网络爬虫、数据分析、数据可视化、机器学习、Web 开发等。

考试内容

一、Python 语言基本语法元素

1. 程序的基本语法元素：程序的格式框架、缩进、注释、变量、命名、保留字、数据类型、赋值语句、引用。
2. 基本输入输出函数：input()、eval()、print()。
3. 源程序的书写风格。
4. Python 语言的特点。

二、基本数据类型

1. 数字类型：整数类型、浮点数类型和复数类型。
2. 数字类型的运算：数值运算操作符、数值运算函数。
3. 字符串类型及格式化：索引、切片、基本的 format()格式化方法。
4. 字符串类型的操作：字符串操作符、处理函数和处理方法。
5. 类型判断和类型间转换。

三、程序的控制结构

1. 程序的三种控制结构。
2. 程序的分支结构：单分支结构、二分支结构、多分支结构。
3. 程序的循环结构：遍历循环、无限循环、break 和 continue 循环控制。

4. 程序的异常处理：try-except。

四、函数和代码复用

1. 函数的定义和使用。

2. 函数的参数传递：可选参数传递、参数名称传递、函数的返回值。

3. 变量的作用域：局部变量和全局变量。

五、组合数据类型

1. 组合数据类型的基本概念。

2. 列表类型：定义、索引、切片。

3. 列表类型的操作：列表的操作函数、列表的操作方法。

4. 字典类型：定义、索引。

5. 字典类型的操作：字典的操作函数、字典的操作方法。

六、文件和数据格式化

1. 文件的使用：文件打开、读写和关闭。

2. 数据组织的维度：一维数据和二维数据。

3. 一维数据的处理：表示、存储和处理。

4. 二维数据的处理：表示、存储和处理。

5. 采用 CSV 格式对一二维数据文件的读写。

七、Python 计算生态

1. 标准库：turtle 库(必选)、random 库(必选)、time 库(可选)。

2. 基本的 Python 内置函数。

3. 第三方库的获取和安装。

4. 脚本程序转变为可执行程序的第三方库：PyInstaller 库(必选)。

5. 第三方库：jieba 库(必选)、wordcloud 库(可选)。

6. 更广泛的 Python 计算生态，只要求了解第三方库的名称，不限于以下领域：网络爬虫、数据分析、文本处理、数据可视化、用户图形界面、机器学习、Web 开发、游戏开发等。

考试方式

上机考试，考试时长 120 分钟，满分 100 分。

1. 题型及分值

单项选择题 40 分(含公共基础知识部分 10 分)。

操作题 60 分(包括基本编程题和综合编程题)。

2. 考试环境

Windows 7 操作系统，建议 Python 3.4.2 至 Python 3.5.3 版本，IDLE 开发环境。